LA SCIENCE
A TRAVERS CHAMPS

PAR

Mlle MARIE MAUGERET

Spiritus Dei ferebatur super aquas.

TROISIÈME ÉDITION

TOURS

ALFRED MAME ET FILS, ÉDITEURS

M DCCC LXXXIII

LA SCIENCE

A TRAVERS CHAMPS

A MES ÉLÈVES

JEANNE ET MARGUERITE
THÉRÈSE ET BERTHE

PRÉFACE

S'il est une science charmante entre toutes, et qui
semble spécialement destinée à séduire l'imagination
et le cœur de la jeunesse, c'est sans contredit l'histoire
de la nature. Les oiseaux, les papillons et les fleurs !
Quel est l'enfant qui n'a pas aimé tout cela ? Et qui
de nous ne se souvient avec bonheur des tendresses
prodiguées jadis à ces premiers amis de notre enfance ?

Mais si l'enfant les aime par cela même que, novice
aux émotions du cœur, il éprouve d'instinct le besoin
d'aimer toute chose, il convient que la jeune fille, qui
a encore toute la fraîcheur de son cœur d'enfant, et
déjà le raisonnement d'une précoce maturité, sache
pourquoi elle doit aimer, non plus seulement les oiseaux, les papillons et les fleurs, mais jusqu'au plus
chétif insecte, jusqu'au plus modeste brin d'herbe.

Si nous connaissions la nature, si nous savions
l'aimer comme elle doit être aimée, quelle source de
pures et intimes jouissances nous y rencontrerions !

L'esprit défaillant y retrouverait l'énergie ; l'âme troublée, le calme avec l'oubli, le bonheur avec l'espérance.

Étudions donc la nature, non point dans les livres, où elle est toujours froide comme une abstraction, mais au milieu des champs, où elle déroulera elle-même devant nos yeux ravis le tableau magnifique et toujours nouveau de ses merveilles infinies.

LA SCIENCE

A TRAVERS CHAMPS

CHAPITRE I

8 FÉVRIER. — Premiers rayons et premières pousses. — Bourgeons. — Lierre. — Ciguë. — Raiponce. — Mésange bleue.

Voulez-vous, mes chères petites, que, laissant de côté livres et cahiers, nous commencions ensemble ces excursions projetées depuis longtemps, et qu'une chose ou une autre a retardées jusqu'à ce jour? Voulez-vous que, profitant des tièdes rayons de ce beau soleil qui semble nous y inviter, nous allions épier le réveil de la nature, et saluer, s'il y a lieu, les premières manifestations de sa joyeuse résurrection? Voulez-vous que nous feuilletions ensemble ce livre admirable, dont chaque page est un chef-d'œuvre, et que Dieu lui-même a tracé du bout de son doigt tout-puissant? Les merveilles se multiplieront sous nos pas, et nous ne pourrons en étudier qu'une faible partie, car elles sont nombreuses comme les grains de poussière au bord de l'Océan, et la vie entière ne pourrait suffire à cette étude presque infinie. D'ailleurs, beaucoup échapperont à notre regard, et bien des mystères resteront impénétrables; mais beaucoup aussi viendront s'offrir à notre contemplation. Nous étudierons toutes ces merveilles avec le cœur, plus encore qu'avec l'intelligence; et, tout en écoutant la voix de la science, qui nous expliquera la nature, nous écouterons encore et surtout la voix de la nature, qui nous expliquera Dieu.

Les premiers soleils de février sourient à travers les dernières glaces de l'hiver; leurs rayons obliques ne donnent encore qu'une faible dose de chaleur; pourtant à leur aspect un frémissement profond s'opère dans les entrailles de la terre, et les premières pousses s'élancent de son sein, heureuses et empressées de répondre à ce premier appel du soleil. Prenez garde, jeunes et frêles bourgeons, le soleil de février est traître à qui s'y fie, et ses caresses, qui promettent la vie, le plus souvent donnent la mort.

Cependant, puisque les bourgeons ont paru, profitons-en pour les étudier; ils vont si vite changer d'aspect!

Cette période n'est pas la plus attrayante de la vie de la plante, je le sais, mais il faut bien commencer par le commencement, et d'ailleurs, patience, chaque chose viendra en son temps. Jeunes filles aujourd'hui, hier vous-mêmes n'étiez encore que des enfants, frêles bourgeons auxquels l'œil seul d'une mère pouvait trouver quelque charme; et voici maintenant que vous faites l'ornement de la société, comme demain ces jeunes pousses, devenues feuilles ou fleurs, feront l'ornement de nos campagnes. .

Le bourgeon est le premier âge d'une branche, d'une feuille ou d'une fleur. On le voit paraître d'abord sous la forme d'un petit globule de tissu cellulaire, qui soulève l'écorce et semble demander sa place au soleil. Mais l'écorce prudente résiste à ses prières, à ses efforts même; car elle sait, elle qui a l'habitude de la vie, qu'après les brûlantes journées de l'été viendront les nuits glaciales de l'hiver, et que le bourgeon, enfant inexpérimenté, ne peut subir cette dure épreuve avant que la nature lui ait confectionné son vêtement d'hiver. Ce vêtement est formé de petites feuilles pliées les unes sur les autres, qui souvent se durcissent comme des espèces d'écailles, et souvent aussi sont imprégnées d'une substance résineuse qui les préserve tout à la fois du froid et de la pluie. La nature est une mère admirablement prévoyante; elle a pensé à tout, et le petit être qui sommeille dans ses langes de feuillage est plus à l'abri du danger que l'enfant des rois dans sa couche de pourpre et d'hermine.

Les bourgeons à l'état d'œils paraissent en été, au moment où la végétation est dans toute sa vigueur ; en automne, sous l'influence de la seconde sève, ils grossissent un peu, puis ils restent stationnaires pendant tout l'hiver, et ne se réveillent qu'au printemps. Alors ils se développent, et affectent différentes formes, d'après lesquelles il devient facile de juger s'il sortira de ces langes mystérieux des fleurs ou simplement des feuilles. Les uns sont allongés et pointus, ce seront des feuilles ; les autres sont courts et arrondis, ce seront des fleurs, et, s'il plaît à Dieu, des fruits ; les autres enfin tiennent le milieu entre ces deux formes bien caractérisées : ce sont les bourgeons mixtes ; ils donneront à la fois des feuilles et des fleurs.

L'arboriculture s'intéresse tout particulièrement à cette disposition des bourgeons, car c'est de là qu'elle tire ses instructions pour la taille des arbres ; et il n'est point de jardinier, si peu savant qu'il soit, qui ne connaisse à première inspection à quelle espèce de bourgeon il a affaire.

Ainsi en est-il de l'enfant. Il se révèle sans le savoir par mille riens qui sont les pronostics de l'avenir ; un œil tant soit peu exercé ne saurait s'y méprendre, et devine sans peine si le bourgeon sera feuille, ou s'il sera fleur.

L'aspect de la campagne, à cette époque de l'année, est encore presque aussi triste que dans les plus sombres jours d'hiver. Lorsque le soleil brille, on sent bien passer dans l'air comme de tièdes effluves de vie, qui annoncent l'approche du printemps ; mais lorsqu'un nuage vient à voiler le front du ciel, tout reprend cette teinte grise et mélancolique sous laquelle la nature est ensevelie depuis des mois. C'est que les premiers ébats de la végétation sont, pour ainsi dire, encore à l'état latent ; il faut les regarder de bien près pour les voir, et au premier abord tout semble encore plongé dans un immense sommeil. Les haies surtout présentent un aspect désolé ; elles sont pour la plupart taillées à bois mort, et les grands arbres qui les surmontent çà et et là ont vu toutes leurs branches tomber sous la hache du cultivateur. La place occu-

pée jadis par ces branches est marquée par des plaques jaunâtres, qui ressemblent à des blessures non cicatrisées. En
vain le lierre, ce fidèle ami de toutes les souffrances, de
toutes les décrépitudes, de la mort même, s'efforce de dissimuler ces plaies béantes; il n'arrive qu'à les rendre plus
apparentes, et ses feuilles, empourprées par les froids de
l'hiver, semblent maculées de gouttes de sang.

Étudions-le aujourd'hui, car aussi bien notre première
excursion ne nous fournira pas de grandes ressources; et plus
tard, quand la nature multipliera par centaines les merveilles
sous nos pas, le lierre, toujours sombre et presque dépourvu
de fleurs, courrait risque d'échapper à nos regards, éblouis
par les splendeurs de la flore d'été; et ce serait grand dommage, en vérité, car le lierre, si modeste qu'il soit quant à la
couleur, est, sans contredit, une des plantes les plus gracieuses, et, si l'on peut ainsi parler, l'une des plus sympa-
thiques que nous offre la nature. Toutes les fleurs, même les
plus jolies, ont dans la foule quelques détracteurs; le lierre
n'en a pas : pour ne pas le trouver charmant, il faudrait ne
l'avoir jamais vu.

C'est ainsi que dans le monde l'on rencontre parfois des
personnes que chacun aime, pour ainsi dire, sans savoir
pourquoi; d'autres sont plus belles, plus instruites, plus spi-
rituelles, pourtant on les délaisse vite; tandis que les premières possèdent un charme infini, que l'on devine plutôt
qu'on ne le voit, qui attire et qui captive par des liens invisibles, mais tout-puissants. Savez-vous ce qu'elles ont?... Elles
ont une âme aimante, une âme douce et bonne, toujours
prête à répandre sur ceux qui les entourent la bienfaisante
chaleur dont elles-mêmes sont remplies.

Si j'avais affaire à des enfants, qui ne peuvent guère être
instruits que par les yeux, je me contenterais de leur faire
remarquer l'élégance de la feuille de lierre, la façon dont il se
cramponne aux arbres pour monter avec eux, la hauteur qu'il
atteint, et qui peut dépasser trente mètres; mais à vous, mes
chères petites, si fières de vos seize et dix-huit ans, qui font
de vous des jeunes filles, et non plus des enfants, à vous il
faut apprendre autre chose que ce qu'un simple regard pour-

rait vous montrer; il faut vous parler un peu de la famille, de l'origine, des mœurs particulières, enfin des tenants et des aboutissants de cette plante, que je voudrais vous faire aimer, si vous ne l'aimiez déjà.

Tout d'abord, d'où lui vient son nom? car c'est une chose digne d'intérêt, n'est-ce pas? de savoir pourquoi tel ou tel nom a été donné à telle ou telle chose. La question du nom, ce n'est pas une petite affaire, savez-vous? Pour un nom il se fait, de par le monde, une foule d'actions bonnes ou mauvaises, selon le caractère et les dispositions de ceux qui courent après ce hochet de la gloire humaine. Parmi les plantes, cette ambition est, Dieu merci, absolument inconnue; depuis des siècles chacune porte le nom que la science ou le caprice des uns et des autres lui a donné, et il n'en est pas une qui songe à se préoccuper des changements de famille et des appellations baroques qui leur sont trop souvent imposées.

Écoutez un peu la nomenclature par laquelle messieurs les savants désignent notre ami le lierre : Genre de plantes *dicotylédones dialypétales périgynes,* famille des *araliacées.* Linné, l'illustre naturaliste suédois, l'avait placé dans la *pentandrie monogynie;* Jussieu, son contemporain, et tout à la fois son rival et son ami, l'avait classé dans la famille des *caprifoliacées,* et, comme toute chose est sujette à changement en ce monde, nul ne peut savoir quelles variations subira encore cette définition, que l'on trouve parfaite aujourd'hui, et que demain renversera probablement. Heureusement le lierre, avec un mépris tout à fait philosophique pour toutes ces choses, sans se soucier de la famille à laquelle on le rattache, grandit toujours le long des arbres qu'il a choisis pour soutien, et des vieilles murailles qu'il décore de sa verdoyante tapisserie ou de ses festons capricieux, au grand bonheur des poètes, des peintres et des touristes.

Vous venez de voir comme les savants s'accordent bien quant à la classification de cette plante. Je comprends encore jusqu'à un certain point leurs dissidences sur ce sujet, car la botanique est une science relativement nouvelle; c'est un édifice inachevé auquel chacun a le droit d'apporter sa pierre, si modeste qu'elle soit; mais ce que j'ai plus de peine à com-

prendre, c'est que, même sur l'étymologie du nom, il y ait à
peu près autant d'avis que de commentateurs. Les uns pré-
tendent que le nom latin *hedera* vient du mot latin *hædus* (che-
vreau), et qu'il fut donné à cette plante parce que les Romains
croyaient que les chèvres nourries de ces feuilles donnaient
à leurs petits un lait plus abondant. S'il m'était permis d'é-
mettre une opinion sur une aussi grave matière, je dirais
que cette explication me semble un peu fantaisiste, et que je
préfère celle qui fait venir le mot lierre d'un vieux mot
celtique, *hedea,* qui veut dire corde, lien, par allusion à la
manière de végéter de cette plante.

Le lierre, en effet, s'enroule comme un lien autour des
arbres, ce qui l'a fait choisir par les poètes comme l'emblème
des doux liens de l'affection. Mais à ceci se rattache une question
importante. Cette affection du lierre est-elle, comme on l'a
cru longtemps, et comme beaucoup le croient encore, dangereuse pour les plantes qui en sont l'objet? Dans le monde
végétal, comme dans notre monde à nous, il y a une foule
d'individus qui, paresseux ou incapables, ne peuvent, ou ne
veulent pas prendre la peine nécessaire pour se suffire à eux-
mêmes, et vivre du fruit de leurs seuls efforts. Ils trouvent
plus facile de vivre aux dépens des autres, et, par des liens
et des crampons de toutes sortes, ils s'attachent à un autre
plus vigoureux, ou seulement plus laborieux qu'eux-mêmes,
ils s'immiscent dans son existence, et puisent dans sa propre
substance ce que la terre leur aurait donné s'ils avaient seulement essayé de l'y trouver. Rien n'est misérable comme cette
façon d'agir, et dans le monde des plantes, comme dans celui
des hommes, on a flétri du nom ignominieux de parasite tout
être qui vit aux dépens d'un autre. Les pauvres végétaux
condamnés par leur organisation à vivre de cette manière sont
bien innocents, assurément; ils subissent la loi de la nature, et
ainsi contribuent encore, dans leur modeste sphère, à l'immense harmonie de la création; mais pour l'homme, être pen-
sant, et doué par Dieu d'un rayon d'intelligence plus ou moins
lumineux, mais toujours suffisant pour les circonstances dans
lesquelles il se trouve placé, c'est une honte de ne pouvoir faire
face à ses propres besoins, et d'attendre des autres ce que

chacun doit se procurer soi-même. Pour quelques-uns, sans
doute, la vie est difficile, je sais cela; mais il n'est personne,

Le lierre.

dans la plus brillante situation comme dans la plus modeste,
qui ait le droit d'oublier cette grande parole prononcée par
Dieu lui-même sur la tête de l'homme pécheur : « Tu mangeras ton pain à la sueur de ton front. »

Parasite! Il n'y a rien au monde de plus méprisable; cela veut dire tout à la fois lâche et vil, et l'homme que l'on peut flétrir de ce nom porte les stigmates de l'ignominie.

Quoique cette qualification ne puisse, comme nous venons de le voir, porter préjudice à la plante, qui subit une loi inexorable, je vous avoue que je vois avec plaisir la science moderne retirer le lierre de la liste des végétaux parasites. Chez ceux que l'on aime, on voudrait ne voir ni un défaut, ni même l'ombre d'un défaut. Or il a été bien établi que le lierre n'enfonce ses racines dans la tige des arbres que pour y prendre un point d'appui et monter avec eux. Et qu'y a-t-il de plus naturel, de plus louable même, que de demander aux grands et aux forts l'appui de leur grandeur? Bien heureuses les affections qui, comme celle du lierre, attachent le fort au faible et les font monter plus haut, toujours plus haut, dans l'union charmante de la puissance avec la modestie, de la grandeur avec la grâce.

Le lierre a eu toute une histoire dans l'antiquité; mais aujourd'hui que les traditions mythologiques sont tombées dans le discrédit qu'elles méritent, peu nous importe qu'il ait couronné tour à tour Orisis, Bacchus et ses prêtresses échevelées, ou Thalie, la déesse de la comédie, pourvu qu'il couronne encore et toujours les tiges des grands arbres, et les créneaux ébréchés des donjons séculaires.

Voici sur le revers de ce talus deux plantes que je signale à votre attention; l'une s'élargit en vastes touffes; ses feuilles d'un beau vert, très découpées, s'étalent orgueilleusement autour d'une jeune tige naissante, qui semble toute prête à s'élancer du sein de ce verdoyant entourage. C'est la *ciguë*, une plante dont toutes les parties fournissent un principe très vénéneux, et qui a eu, si l'on en croit les historiens, le triste privilège de terminer deux des plus belles vies du paganisme, celle de Phocion et celle de Socrate, victimes tous deux de l'inconstance et de l'ingratitude des Athéniens, ces Français de l'antiquité.

La grande ciguë, celle que l'on rencontre dans les lieux incultes, ressemble au cerfeuil, et la petite ciguë, qui croît dans les jardins et les lieux cultivés, a une telle analogie avec le persil, que l'on peut facilement s'y méprendre. Toutefois la

nature, avec cette admirable prévoyance qui est une des
délicatesses de la Providence, a donné à la ciguë une odeur
nauséabonde, qui est le caractère le plus sensiblement distinctif au moyen duquel on peut reconnaître cette dangereuse *ombellifère*[1].

L'autre plante est toute modeste, si petite encore et si semblable à une foule d'autres que, pour la trouver, il faut bien la

Ciguë.

connaître. Tandis que la ciguë, toute fière de ses méfaits
antiques, semble en méditer de nouveaux au fond de son
feuillage sombre et touffu, la *raiponce* étale tout humblement
autour d'elle ses petites feuilles pâles, longues et étroites, qui
n'attireraient l'attention de personne si l'on ne savait que sous
cette feuille se trouve une racine pivotante, très blanche et très
estimée comme salade. Je sais mauvais gré, vraiment, à celui
qui a imaginé de sacrifier au plaisir assez peu poétique de
croquer cette malheureuse racine, le plaisir plus grand, ce
me semble, de voir au mois de juillet cette gracieuse *campa-*

---

[1] Qui porte une ombelle ou parasol.

nule[1] élever le long de tous les talus ses épis de jolies petites fleurs bleues en forme de clochette. Le bonheur des uns trop souvent naît du malheur des autres; le ver rongeur qui dévore les boutons s'inquiète peu de savoir si nous regretterons les roses.

La nature est une grande enchanteresse; elle a mille manières de nous charmer, même en cette saison où l'on pourrait croire qu'elle renferme encore toutes ses merveilles dans son sein. Les premières pousses ont paru avec les premiers soleils, voilà pour nos yeux. Mais ce n'est pas tout. Écoutez cette voix qui se fait entendre tout là-haut, et cherchez dans les branches de ce marronnier le musicien qui semble accorder son instrument. Est-ce un oiseau? Ne serait-ce pas plutôt une fleur? N'approchez pas trop près, car si c'est une fleur elle a des ailes. C'est la *mésange bleue,* selon moi le plus joli de tous les oiseaux de nos pays. Elle a la tête, le bout des ailes et la queue d'un bleu charmant, le front blanc, le dos vert olive, et la poitrine d'un jaune éclatant. Son bec, court, droit et conique, est d'une force et d'une adresse remarquables; malheureusement elle emploie cette adresse à couper les boutons fructifères des arbres, ce qui la rend nuisible dans les vergers. D'un caractère vif et gai, la mésange est sans cesse en mouvement; elle s'en va sautant de branche en branche, grimpant le long de l'écorce, se suspendant dans les positions les plus impossibles. Elle se nourrit d'insectes, de larves, et aussi de graines qu'elle perce avec une rare habileté, en les assujettissant sous ses pattes. La mésange est un oiseau prévoyant: plus sage que la cigale de la Fontaine, elle amasse pendant la belle saison les provisions nécessaires pour quand « la bise sera venue ». Bien lui en prend, d'ailleurs, car je ne sais si elle trouverait beaucoup d'insectes pour lui fournir sa subsistance. Sous ce rapport tous sont plus ou moins fourmis, et, il faut bien vous le dire, elle ne mérite nulle compassion, car la mésange, ce joli petit oiseau paré de si brillantes couleurs, ce myosotis au cœur jaune d'or et au feuillage olive, est l'un des plus méchants de nos contrées. Quoique vivant en société, ce qui d'habitude adoucit les mœurs,

[1] Du latin *campanula,* clochette.

au moins parmi les animaux, elle est cruelle jusqu'à la férocité ; elle attaque les autres oiseaux, et, si petite qu'elle soit, elle s'en prend à tous, même à ceux qui sont dix fois plus gros qu'elle. Encore cette disproportion de force pourrait être considérée comme une preuve de courage, si elle combattait au grand jour et avec des armes loyales, comme cela se doit entre gens honnêtes ; mais il n'en est point ainsi : elle attend que ceux qu'elle veut attaquer soient endormis, et alors elle s'en vient traîtreusement fondre sur eux ; avec son bec, dur comme une pointe d'acier, elle leur fend la tête et leur dévore la cervelle.

Voilà ce qu'est la mésange, et ce que sont bien d'autres à qui la nature, en prodiguant tous les charmes de la beauté, a refusé toutes les qualités du cœur.

Va chanter plus loin, mésange cruelle ; je t'ai admirée, n'espère pas que je t'aime.

CHAPITRE II

15 MARS. — Lamier violet. — Adiante. — Violette.

Quelques jours de pluie et quelques rayons de soleil ont passé sur la terre, et voici que tout est changé, comme par l'effet d'une baguette mystérieuse. Toutefois nous ne sommes pas encore à cette saison privilégiée où toutes les merveilles de la nature semblent s'être entendues pour éblouir ceux mêmes qui ne songent pas à les regarder. Pour trouver au mois de mars, il faut encore chercher; mais cette recherche est pleine de charmes, d'autant plus qu'on s'y livre avec l'assurance qu'elle ne sera pas infructueuse. « A vaincre sans péril on triomphe sans gloire, » dit le proverbe; l'ami de la nature dit à son tour : « A trouver sans peine on possède sans plaisir. » Cherchons donc ensemble aujourd'hui. Tout, dans les œuvres de Dieu, mérite d'être étudié, et l'humble insecte caché sous la pierre, et la petite fleurette craintive qui s'entr'ouvre sous la mousse, sont autant de chefs-d'œuvre qui publient la gloire du Créateur, aussi bien que l'oiseau le plus brillant et l'arbre le plus gigantesque.

Cueillez cette petite fleur violacée qui étale sur la terre ses branches horizontales; sa tige, au lieu d'être cylindrique, comme il arrive dans la plupart des végétaux, est carrée, et couverte de petits poils rudes au toucher, verte d'un côté et rougeâtre des trois autres. Ses feuilles sont simples, et leur bord dentelé est garni d'un filet de même couleur que la tige; les deux faces du limbe, surtout la face inférieure, sont couvertes de poils, et les dernières feuilles, celles qui se rapprochent de l'extrémité de la tige, sont de plus en plus rouges. Cette couleur, qu'elles perdent en se développant, leur donne un aspect velouté du plus joli effet. Les fleurs présentent deux lèvres, forme particulière qui caractérise si distinctement la famille des labiées (en latin, *labia* signifie lèvres); elles ont un calice à cinq divisions profondes, dont les pointes très aiguës auraient pu, tant elles sont régulières, servir de modèle à l'étoile à cinq pointes; la corolle tubuleuse, partagée en deux lèvres, dont la supérieure forme une sorte de casque sous lequel s'abritent le pistil à style bilobé et quatre étamines à anthères d'un brun foncé; les fleurs sont groupées au nombre de cinq ou six entre la tige et le pédoncule de la feuille, qui s'élargit pour embrasser les boutons. Ceux-ci sont dits sessiles, c'est-à-dire dépourvus de pétiole; ils s'étalent à droite et à gauche de la tige, à laquelle ils forment ainsi comme une sorte de couronne, ce que l'on désigne en disant que les fleurs sont verticillées. Cette petite plante si commune dans nos pays, qui croît partout, dans les prés, dans les lieux arides, sur le bord des fossés, est le *lamier* violet, variété de cet autre lamier que l'on désigne improprement sous le nom vulgaire d'ortie blanche; elle appartient à la tribu des *stachydées*[1], une des onze qui composent la famille des *labiées*. Cette famille est tellement naturelle que presque toutes les plantes qu'elle renferme se reconnaissent au premier coup d'œil, et elle est tellement nombreuse qu'elle forme un vingt-quatrième de la flore française. Dans le cours de nos promenades nous en rencontrerons sans doute d'autres espèces sous nos pas; quelques-unes seront plus remarquables que celle qui nous occupe aujourd'hui; mais auront-elles plus d'intérêt? Leurs tiges plus élevées, leurs fleurs plus grandes, plus brillantes, auront-elles plus de grâce que cette petite fleur rosée qui semble taillée dans le velours, et dont la culture ferait peut-être une plante tout aussi jolie que beaucoup de celles qui ornent nos jardins? Abandonnée parce qu'elle est modeste, méprisée parce qu'elle est commune, voilà sa destinée; c'est une des plus petites de la famille, ses aînées ont pris pour elles toutes les qualités qui

---

[1] Du grec *stachys*, épi.

attirent l'attention ; aussi elle, on la remarque à peine. Mais un jour, pourtant, il se rencontre une main qui s'abaisse jusqu'à elle, un regard qui l'étudie et la trouve, malgré sa simplicité, tout aussi richement douée que ses sœurs les plus orgueilleuses, et une voix qui lui dit tout bas : « Petite fleur, que t'importe que les autres t'admirent ou te dédaignent? moi je te trouve belle, et je t'aime. »

Avant de quitter le fossé où nous avons trouvé cette petite labiée, cueillons une branche de cette plante singulière qu'on désigne vulgairement sous le nom de *capillaire noir* ou de *doradille,* et dont le nom scientifique est *adiante,* mot tiré du grec, et qui signifie « qui ne se mouille pas ». En effet, cette plante reste toujours sèche, soit qu'on la plonge dans l'eau, soit qu'elle reçoive en abondance la pluie du ciel. Son aspect général la fait vite reconnaître pour un membre de la famille des *fougères,* à laquelle elle appartient comme faisant partie de la tribu des *polypodiacées*[1]. Cette plante est particulièrement remarquable par la manière dont, en sa qualité de fougère, elle porte ses graines. Soulevez les feuilles, et vous verrez sous chacune d'elles des taches rousses, un peu saillantes, qui ne sont autre chose que les graines, ou, pour parler plus scientifiquement, les sporanges ou capsules renfermant les séminules de la plante. Vous me demanderez pourquoi l'on s'est mis en frais de trouver un nom spécial pour la fructification de cette famille de végétaux, et pourquoi l'on ne dit pas tout simplement les graines de la fougère, comme on dit les graines de toute autre plante. Je vous ai déjà accordé que les savants étaient d'ennuyeux personnages, avec leurs noms baroques qui sont, quand on ne les comprend pas, si difficiles à retenir ; mais ces pauvres savants ne sont pas toujours aussi coupables qu'on pourrait le croire, et, pour ne parler que du cas qui nous occupe, il faut vous dire que les graines et les spores n'étant pas du tout semblables, il n'était pas inutile de leur donner un nom différent. Donc, pour cette fois, un bon point aux érudits. Les spores, comme les graines, sont bien destinés à la reproduction de la plante, mais ils en diffèrent en ce que

---

[1] Du grec *poly,* beaucoup, et *pous, podos,* pied.

leur masse homogène ne présente aucun rudiment du végétal qu'ils doivent perpétuer, tandis que dans la graine on trouve les éléments microscopiques, mais bien distincts, de la plante qui doit en sortir. La fougère, avec ses différentes variétés, appartient à la grande division des plantes acotylédones, qui forme le premier degré de l'échelle végétale, et, comme telle, son organisation est bien moins parfaite que celle des classes supérieures. L'égalité est un rêve en ce monde, où la main de Dieu a soumis tous les êtres à une hiérarchie que nul ne peut enfreindre sans altérer l'ordre admirable qui a présidé au grand plan de la création.

Il est une plante que tous les poètes ont chantée, dans tous les temps et dans tous les pays, bien longtemps avant que le naturaliste ait songé à la disséquer et à nous en donner une définition technique, qui peut se résumer ainsi : *violette,* genre de la famille des *violacées,* classe des plantes *dicoty-lédones* [1] *dialypétales* [2] *hypogynes* [3], à tige herbacée, le plus souvent annuelle, quelquefois vivace, à feuilles alternes, à calice de cinq divisions profondes, à fleurs irrégulières, solitaires, à pédoncules recourbés, à cinq étamines, à ovaire uniloculaire, renfermant de nombreux ovules. Les botanistes en ont dit cela, et bien plus long encore.

Quant aux poètes, ils se sont tellement étendus sur son compte, qu'il faudrait des volumes entiers pour répéter seulement le quart de ce qu'ils en ont écrit. Au temps lointain où j'avais dix-huit ans, je voulus moi-même ajouter ma note à ce concert universel ; mais aujourd'hui que j'ai rompu avec la rime, je vais vous parler de la violette avec les botanistes, ce qui veut dire en prose ; car rien n'est moins poétique que ces malheureux naturalistes, qui vivent au milieu des fleurs sans se douter qu'elles ont un parfum, un langage, une âme à leur manière, qui vous disent effrontément qu'une fleur double est un monstre, et qui, sur un simple rapport d'étamines, de feuilles ou de racines, vous font sans rougir, de l'ail vulgaire, de l'oignon et autres, les frères du lis royal immaculé.

---

[1] Deux cotylédons.
[2] A pétales séparés.
[3] Corolle insérée sous l'ovaire.

La tige de la violette est une souche qui s'enfonce assez profondément dans la terre, et d'où se détache un chevelu abondant. Les fleurs et les feuilles sont si connues de tout le monde qu'il est inutile de les décrire; d'ailleurs la violette échappât-elle au regard, son parfum la trahirait, et ce parfum est si suave qu'on est irrésistiblement porté à chercher la fleur qui le répand jusque dans les épines, où le plus souvent elle se loge.

La violette a joui d'une certaine importance dans l'antiquité ; elle passait pour prévenir les fumées de l'ivresse ; et à une époque où le dieu Bacchus avait, non seulement des adorateurs, mais des prêtres et des autels, on devait avoir souvent besoin de recourir à cette propriété, d'ailleurs très problématique, de la violette. Athènes lui avait voué une vénération particulière, et on la cultivait avec le plus grand soin tout autour de la ville. De nos jours, la violette est devenue la fleur symbolique de l'empire. Tandis que Napoléon Ier, retiré sur son rocher de l'île d'Elbe, épiait, avec ce regard d'aigle qui avait fait trembler tous les trônes de l'Europe, le moment favorable pour reparaître sur le trône de France, ses amis complotaient dans l'ombre pour favoriser son retour, qui devait coïncider avec celui de la violette.

Tous les temps ont considéré cette fleur comme l'emblème de la modestie, mais non pas tous les hommes ; car il me souvient d'avoir lu, et non sans une profonde indignation, que la violette, loin d'être humble comme on l'avait toujours dit, avait, au contraire, une coquetterie des plus raffinées, et ne se cachait que pour se faire chercher. Alphonse Karr, l'auteur de cette magnifique découverte, espérait peut-être que la postérité se rangerait à son avis, mais je ne le crois pas ; et tant qu'il y aura des violettes fleuries sous la mousse, le long des haies, ou sur le rebord des fossés, on répétera cette vieille erreur, bien inoffensive d'ailleurs.

Violette. — Modestie, timidité.
Violette blanche. — Innocence.
Violette jaune. — Beauté flétrie.
Violette double. — Amitié réciproque.

Puisque je vous ai parlé d'Alphonse Karr, je vous citerai de lui une pensée qui vaut mieux que celle de déprécier la violette, et qui, d'ailleurs, peut s'appliquer tout particulièrement à cette fleur :

« Elle est commune !

« Merci, mon Dieu, de tout ce que vous avez créé de commun ; merci, mon Dieu, du ciel bleu, du soleil, des étoiles, des eaux murmurantes, des ombrages, des chênes touffus !

« Merci des bluets des champs et de la giroflée des murailles ;

« Merci des chants de la fauvette et des hymnes du rossignol ;

« Merci, mon Dieu, des parfums de l'air, des bruissements du vent dans les feuilles ;

« Merci des nuages colorés par le soleil à son lever ou à son coucher ;

« Merci, mon Dieu, de l'amour, le sentiment le plus commun de tous ;

« Merci de toutes les belles choses que votre magnifique bonté a faites communes ! »

Dieu, en effet, a multiplié sur la terre les choses qui peuvent nous être utiles, ou simplement agréables. La violette en est une preuve entre beaucoup d'autres. On la retrouve dans toutes les régions du globe, sur les montagnes, dans les vallées, en Sibérie, au cap de Bonne-Espérance, sous les neiges des pôles, dans les terres brûlantes de l'équateur. La violette fleurit partout, comme partout s'épanouissent, sous les glaces de la vieillesse comme aux brûlants soleils de l'adolescence, des âmes candides, modestes et pures.

CHAPITRE III

25 MARS. — Ravenelle. — Chêne. — Pervenche.

Le printemps est arrivé, non seulement dans les calendriers
et les tables astronomiques, mais dans toute la nature; il
rayonne dans le ciel, il sourit, il chante sur la terre. A
l'heure que la science lui a assignée, il a commencé son cours ;
je l'ai entendue sonner, cette heure, et, je l'avoue, avec une
certaine émotion; car une saison qui finit, une autre qui commence, c'est une époque solennelle pour l'année, mais c'est
encore un avertissement pour l'âme humaine, qui, elle aussi,
a ses saisons bien différentes en ce monde. Jadis le printemps
n'était point des quatre âges de l'année celui que je préférais ;
sans doute, je le trouvais charmant, et je l'aimais en proportion de l'horreur instinctive que m'ont toujours inspirée les
sombres mois de l'hiver, avec leurs jours sans soleil et leurs
longues nuits glaciales; mais toutes mes sympathies étaient
pour l'automne, et si j'aimais le printemps avec ses premières
feuilles, ses premiers chants et son immense alléluia de toutes
les résurrections, j'aimais plus encore l'automne avec ses
teintes d'or et de pourpre, et ses derniers soleils pâles et languissants; l'automne avec ses hirondelles frissonnantes prêtes
à partir pour une rive lointaine où mes rêves les suivaient ;
l'automne avec ses feuilles mortes, roulant le long des chemins au gré de tous les vents, avec ses pauvres poitrinaires,
ces autres feuilles pâlies qui, par tous les chemins aussi, s'en
allaient au souffle glacé de la mort ; l'automne enfin, avec sa

poésie qui pleure plus qu'elle ne chante, avec le charme profond de ses harmonieuses mélancolies. La sympathie naît des contrastes ; en effet, le printemps de ma vie souriait à l'automne de l'année ; et maintenant que le soleil de la jeunesse décline rapidement derrière la colline que descendent mes jours ; maintenant que j'avance à grands pas vers un automne prématuré ; maintenant que j'ai trente ans... et les cheveux blancs, je goûte plus vivement que jamais les charmes du printemps, je recherche avec bonheur ses premiers rayons, je salue avec transport ses premières feuilles et je m'attendris à la vue de ses premières fleurs.

Voilà ce que c'est que d'avoir trente ans.

Mais parlons d'autre chose ; vous aurez cet âge-là un jour, bientôt, car les années passent si vite, et vous verrez par vous-mêmes que les saisons du cœur sont encore plus distinctes que celles de l'année.

Je veux vous parler aujourd'hui d'une fleur qui n'est peut-être pas des plus belles, quoique les jardiniers lui fassent l'honneur de cultiver plusieurs de ses variétés, mais qui a cependant son charme particulier, outre l'avantage de fleurir l'une des premières, et de durer plus que ne durent les roses, comme disent les poètes. Mais auparavant je veux répondre à une objection que vous faites en vous-mêmes, j'en suis sûre. Vous trouvez probablement que j'affecte de ne vous montrer parmi les plantes que les plus insignifiantes, et vous me reprochez de ne pas vous parler de toutes celles qui font en ce moment l'ornement des serres et des appartements. J'ai des raisons pour cela, et de bonnes encore, du moins elles me semblent telles. D'abord vous savez que nous étudions tout spécialement ce que j'appellerai les fleurs naturelles, celles que le bon Dieu a semées à travers champs, pour le plus grand bonheur des oiseaux, des papillons et des abeilles. Pour les autres, celles que la nature et surtout la culture ont douées des plus belles formes et des plus éblouissantes couleurs, tout le monde vous en parlera, tout le monde a écrit leur histoire : la puissance a ses courtisans, la beauté ses adorateurs ; mais moi, je veux être auprès de vous l'avocat des petits, des humbles, des délaissés ; je veux vous apprendre à les chercher, à les aimer, à les protéger, et à découvrir en eux cette parcelle de puissance et de beauté qui ne manque à aucune des œuvres échappées des mains de Celui qui est par excellence la puissance et la beauté.

Ne craignez rien, d'ailleurs; l'admiration, qui est un des plus nobles sentiments du cœur humain, en est aussi un des plus vastes, et comme l'amour, dont il n'est qu'une forme spéciale, il est intarissable. Admirons sans crainte, sans réserve, ces humbles merveilles que les indifférents foulent aux pieds, et nous admirerons aussi dans son temps la rose avec ses splendides couleurs, nous nous inclinerons en passant devant elle, car elle est reine; or nous respectons les traditions du passé, et nous ne sommes point du nombre de ceux qui brisent les couronnes après les avoir insultées. Régnez donc sur les fleurs, reine pacifique; mais puisque vous n'avez point encore paru, puisque vous vous tenez encore mystérieusement renfermée dans le vert boudoir où vous élaborez les éléments de votre beauté, laissez-nous contempler les plus humbles de vos sujets. Si nous les admirons, eux, les tout petits de votre cour, que sera-ce pour vous, lorsque vous daignerez paraître?

Voyez-vous cette vieille tour dont les créneaux ébréchés sont à demi cachés sous d'épaisses touffes de fleurs dorées? Les savants ont donné à cette fleur le nom très grec et fort peu harmonieux de *cheiranthus*[1], et ils l'ont parquée dans la famille des *crucifères*[2] et la tribu des *arabidées*. Le commun des fidèles la nomme plus simplement *violier, ravenelle, bâton* ou *baguette d'or*; nos voisins d'outre-Manche l'appellent du nom significatif de *wallflower*, fleur des murs. C'est, en effet, sur les vieilles murailles, dans les crevasses de la pierre que cette fleur s'épanouit de préférence, et on est tellement accoutumé à l'y voir, que l'on ne comprend pas une ruine sans ses bouquets de ravenelle encadrés dans les festons du lierre. Ce sont les deux amis du malheur : l'un donne le feuillage, l'autre la fleur, tous deux la fidélité.

La giroflée atteint une hauteur de cinquante centimètres environ; ses feuilles sont éparses sur la tige; elles y poussent au hasard, sans se soucier de la disposition régulière qu'affectent les

---

[1] Du grec *cheir*, main, et *anthos*, fleur.
[1] Du latin *crucem ferre*, porter une croix.

feuilles dans la plus grande partie des plantes. Ses fleurs jaunes sont mêlées d'un peu de brun; elles sont disposées en grappes terminales, et répandent une odeur fraîche et agréable.

On en cultive plusieurs espèces pour leurs belles couleurs et la profusion de leurs fleurs; mais toutefois c'est une plante à peu près abandonnée de nos jours. La mode, cette toute-puissance dont chacun se moque, et à laquelle cependant chacun obéit de son mieux, la mode atteint jusqu'aux plantes, et par un de ses caprices la giroflée est délaissée. Je me souviens que, dans ma jeunesse, elle était encore en grand honneur, et il n'était pas de jardin un peu comme il faut qui n'eût son pied de giroflée planté consciencieusement à l'angle de ses carrés bordés du buis traditionnel. La ravenelle, fleur simple et sans prétention, malgré la haute position qu'elle occupe, a échappé aux fantaisies de la mode, et chaque année, dès les premiers jours du printemps, elle ouvre ses milliers de croix d'or au sommet des vieilles tourelles, qu'elle réjouit de son éternelle jeunesse.

Laissons pour quelques jours cette muraille branlante où fleurit la ravenelle; plus tard nous y reviendrons, et nous y trouverons une multitude de choses intéressantes, lorsque les insectes, qui sont encore cachés dans les trous de la pierre ou dans les entrailles de la terre, auront revêtu leurs ailes brillantes et repris leur vol joyeux dans les airs presque inhabités aujourd'hui; lorsque le lézard, ami des brûlants soleils de juillet, viendra dormir paresseusement le long des murailles; lorsque la vie, multipliée à l'infini, jaillira, pour ainsi dire, par tous les pores de la terre, et, fleur parfumée, insecte bourdonnant, oiseau chanteur, enverra dans un rayon de soleil son parfum, son humble voix, ses suaves modulations, comme un hymne d'amour et de reconnaissance, vers le Créateur de tous les êtres.

Lorsque tout semblait mort dans la nature, et que tous les arbres de nos bois, les uns après les autres, avaient livré aux vents d'automne la dernière de leurs feuilles, un seul avait conservé les siennes, non pas vertes et brillantes comme aux jours d'été, mais d'une teinte dorée, qui s'harmonisait mieux avec les tons grisâtres de l'hiver, auquel elles avaient survécu.

Maintenant que tout reverdit, et que le chêne lui-même songe à se revêtir de sa parure printanière, ses feuilles de l'année dernière songent, elles, à accomplir ce dernier acte de la vie qu'on nomme la mort ; elles achèvent de se dessécher sur leur tige, s'en détachent et meurent, ou plutôt finissent de mourir, car elles ont depuis longtemps cessé de vivre, quoiqu'elles soient restées à l'arbre. Les voilà qui s'en vont à leur tour, frissonnant au souffle encore froid des vents de mars, et les bois se jonchent de leurs débris, sous lesquels les jeunes herbes naissantes s'abritent contre les dernières gelées. Voyez-vous au milieu des feuilles mortes quelque chose de rouge comme une perle de corail ? N'essayez pas de l'arracher, cette perle, car elle est déjà profondément enracinée dans la terre, et elle se briserait entre vos mains. C'est un gland, c'est le fruit du chêne, qui de lui-même s'est semé au pied de l'arbre qui l'a porté. Ainsi l'on faisait au bon vieux temps jadis : les enfants plantaient leur tente près du toit qui les avait vus naître, et les familles, multipliées sur place, jetaient de profondes racines dans le pays ; alors on avait réellement une famille et un pays ; maintenant je ne sais quelle fièvre de locomotion, quel immense besoin de nouveau, quelle soif d'inconnu dévorent la génération qui grandit ; semblables à ces graines auxquelles la nature a donné des ailes, les fils quittent les pères, et s'en vont au loin former une famille qui les quittera à son tour. Et, fleur sans cesse transplantée, l'homme n'a plus de racine nulle part, il n'a plus de famille, il n'a plus de patrie.

Le *chêne* est sans contredit le plus bel arbre de nos forêts ; son port majestueux, sa charpente vigoureuse, ses feuilles gracieusement découpées, tout se réunit pour lui assurer la royauté parmi les arbres. Son nom se trouve mêlé à l'histoire des peuples les plus anciens, et l'on dirait que de tout temps les hommes ont eu comme une sorte de sympathie pour lui. La Bible rapporte que Josué plaça sous un chêne qui croissait dans le temple une large pierre destinée à servir de témoignage contre les enfants d'Israël, si souvent prévaricateurs. Le paganisme avait entouré d'une immense forêt de chênes le temple de Dodone en Épire, consacré à Jupiter. La Grèce, poétique jusque dans ses folies, plaçait les chênes sous la protection de

divinités particulières ; elle avait inventé les Dryades et les
Hamadryades, elle couronnait de feuilles de chêne les vain-
queurs de ces fameux jeux Olympiques ; et les Romains, dont

Le chêne.

les jeux étaient des batailles, réservaient la couronne de chêne
pour les vertus civiques.

Mais aucun peuple n'eut pour cet arbre la vénération particulière dont l'entouraient les Gaulois, nos ancêtres. C'était pour

eux l'arbre sacré, l'emblème de leur puissance. Au fond des
sombres forêts du pays des Carnutes, ils accomplissaient leurs
sanglants mystères, et leurs prêtres, les hommes du chêne,
s'en allaient, avec de mystérieuses cérémonies, couper sur le
chêne le gui vénéré, qu'ils distribuaient au peuple comme un
remède à tous les maux. Le vieux cri gaulois : « Au gui l'an
neuf, » nous est comme un écho de ces temps lointains. Un
arbre si vigoureux, surtout tel qu'il devait être dans le sol
encore vierge de la Gaule, un arbre dont le feuillage résiste aux
froids les plus rigoureux des hivers, était véritablement un
emblème digne de ce peuple vaillant et généreux qui, pendant tant d'années, résista victorieusement aux attaques in-
cessantes des maîtres du monde, et ne s'avoua vaincu que
lorsque près d'un million de ses enfants eurent versé leur sang
pour la défense du sol natal et la sainte cause de la liberté.

Si le chêne, en général, a son histoire dans l'antiquité, il y
en a quelques-uns, dans les temps modernes, qui ont acquis
une renommée toute particulière. On a longtemps montré dans
le bois de Vincennes celui sous lequel saint Louis venait s'as-
seoir pour rendre la justice à ses sujets ; et l'on voit encore en
Angleterre, près de Shrewsbury, l'arbre sur lequel Charles II,
poursuivi par ses ennemis, se réfugia pendant une nuit entière. Le chêne s'était souvenu de sa propre royauté : entre
rois, les devoirs de l'hospitalité sont de petits services que
l'on peut se rendre.

Il existe, ou du moins on connaît soixante-dix espèces de
chênes, presque toutes remarquables, non seulement par leur
beauté, mais plus encore par leur utilité.

Le chêne pédonculé, le plus commun et le plus important
de nos forêts, se distingue par ses pédoncules longs et ses
pétioles très courts, quelquefois nuls. Vous savez que le pédoncule est ce qu'on nomme vulgairement la queue de la
fleur ; et le pétiole, la queue de la feuille.

Ce chêne vit fort longtemps et croît plus vite que les autres.
Son bois est précieux pour la menuiserie et l'ébénisterie ; son
écorce donne le tan employé pour le tannage des cuirs, et la
médecine l'utilise comme astringent.

Le chêne rouvre, ou chêne sessile, se distingue du précédent par ses pédoncules très courts et ses pétioles beaucoup plus longs ; il s'emploie d'ailleurs aux mêmes usages.

Le chêne vert, ou yeuse, est un bel arbre à feuilles persistantes, vertes en dessus, souvent cotonneuses en dessous ; il n'habite en France que les pays méridionaux, et quelques régions privilégiées du centre, comme la Touraine.

Le chêne à galles est un des plus importants de cette belle famille par la substance qu'il produit, et qui provient de la piqûre d'un cynips. Cet insecte, de la famille des hyménoptères[1], perce avec sa tarière différentes parties du végétal, les feuilles de préférence, et y dépose une liqueur âcre qui attire en cet endroit les sucs de la plante, et y forme une excroissance que l'industrie emploie pour la teinture en noir et la fabrication de l'encre. Assurément lorsque le cynips, poussé par le besoin de déposer ses œufs en un lieu sûr, perforait en Orient quelques feuilles d'un chêne *infectoria,* il ne se doutait guère que son nid, et même sa progéniture, serviraient un jour à fabriquer cette encre avec laquelle aujourd'hui, à bien des centaines de lieues de lui, je vous raconte sommairement son histoire. Les œuvres de Dieu ont toutes leur utilité, et ce que nous appelons le mal n'est souvent que le bien caché à nos yeux, que l'inconnu, dont chaque jour recule les limites.

Le petit hyménoptère qui cause la maladie, la mort même d'une feuille de chêne, ne rend-il pas plus de services à l'humanité par cette piqûre longtemps inutilisée, que n'en rendrait la feuille elle-même en gardant la belle couleur que la nature lui avait donnée. Tout est admirable dans l'ordre de la nature, tout se lie, tout s'enchaîne, tout se transforme pour monter. L'homme seul semble trop souvent vouloir échapper à cette splendide progression de toutes les choses créées ; il pourrait monter jusqu'à Dieu, mais, descendant au-dessous de lui-même, trop souvent il s'abaisse jusqu'à l'infime degré de l'être sans raison.

Le chêne-liège est un habitant des contrées méditerranéennes ; il est surtout remarquable par son écorce, dont les usages sont fort importants. Son compatriote, le chêne au

---

[1] Du grec *hymén,* membrane, et *pteron,* aile.

kermès, sert de domicile à un insecte de la famille des hémiptères [1], qui produit une matière colorante avec laquelle les Orientaux teignent en cramoisi, et dont en obtenait l'écarlate avant l'introduction, j'allais dire l'invention de la cochenille.

Cette digression sur le chêne nous a entraînées bien loin de notre pays et de la lisière de ce petit bois, où nous avons peutêtre à étudier quelque autre plante. Cherchons, nous trouverons sans nul doute. Voyez-vous là-bas, au milieu des broussailles, quelque chose comme un grand œil bleu qui nous regarde du fond de sa solitude ? Il y a je ne sais quoi de calme et de profond dans cette simple corolle si gracieuse, si pure, et d'une couleur si idéale qu'on ne saurait dire, en vérité, si elle est bleue ou si elle est violette. Auprès du myosotis, elle serait violette ; auprès de la violette, elle est bleue ; c'est comme l'azur du ciel quand, par un beau soir d'été, il prend à l'horizon une teinte plus douce et légèrement mêlée de violet. Aucune des fleurs que Dieu a créées n'a, selon moi, le charme infini de cette fleurette tout aussi modeste que la violette, et plus encore, car elle ne se trahit pas même par un parfum. Tous les terrains lui sont bons ; elle semble même préférer ceux que dédaignent les autres plantes, et c'est le plus souvent dans un sol pierreux, sur le rebord des talus sablonneux, dans les ravins, dans les broussailles, qu'elle étend ses tiges flexibles, dont les extrémités se relèvent pour diriger l'azur de ses fleurs vers l'azur du ciel.

D'autres vous diront comment et pourquoi la *pervenche* a été rangée dans la famille des *apocynées* [2] et la tribu des *plumériées* [3] ; pourquoi elle fut la fleur de prédilection de Jean-Jacques Rousseau ; pourquoi dans les campagnes on l'appelle violette aux sorciers, ou violette des morts ; d'autres vous feront remarquer le nombre et l'arrangement de ses étamines, de ses pétales rotacés, comme ils disent. Pour moi, je ne veux même pas y porter la main ; elle est trop belle, elle est trop pure, et justifie trop bien cet emblème de virginité pour lequel les anciens l'avaient choisie.

[1] Du grec *émisus*, demi, et *pteron*, aile.

[2] Du grec *apo*, loin de, et *cuôn*, chien ; nuisibles au chien, selon l'opinion de Pline le Naturaliste.

[3] Du nom de Plumier, botaniste du XVIIe siècle.

CHAPITRE IV

Il y a une foule de gens qui n'aiment pas la campagne,
non seulement pour l'habiter, mais même pour s'y promener.
Pour eux c'est un enchaînement monotone de choses absolument semblables et tout à fait insignifiantes ; ils trouvent
bien plus d'intérêt à promener leurs pas ennuyés le long des
rues de la ville, et ils sourient de pitié à la vue des perpé-
tuelles extases de l'ami de la nature. Ils ont des yeux pour ne
pas voir.

Je comprends que, dans ces conditions-là, la vie à la
campagne soit impossible, et que la promenade même n'ait
aucun charme ; la nature alors est comme une vaste toile
sans peinture, un concert sans musique, un grand corps
sans âme, et elle doit, en effet, paraître bien vite monotone
à ceux qui la regardent d'un œil indifférent, sans essayer de
percer au moins la première enveloppe de ses innombrables
mystères, et surtout sans chercher dans l'ensemble, comme
dans les détails, la trace de la main divine qui a posé son
cachet sur toutes choses.

Ne soyez pas de ce grand nombre de profanes, mes
chers enfants ; que la nature avec ses beautés infinies ne soit
jamais pour vous un spectacle insignifiant ; étudiez-la pour
apprendre à l'aimer et à comprendre son langage, qui pro-
clame si éloquemment la puissance et la bonté de Dieu. Vous

êtes jeunes, et mille distractions, mille jouissances dans le présent et dans l'avenir, charment votre imagination; mais toute cette fleur de jeunesse tombera, et plus tard, quand, pour retrouver vos plus beaux jours, il vous faudra remonter en esprit le cours de vos années, alors vous verrez combien il est doux de se souvenir au milieu du calme de la nature, dans la silencieuse compagnie de fleurs, auxquelles votre jeunesse aura donné un peu de son âme, et qui rendront alors à votre âme un peu de leur jeunesse.

La différence entre les œuvres de Dieu et celles de l'homme est infinie; je veux vous en faire constater aujourd'hui un trait des plus frappants, et qui se rapporte directement au sujet dont nous nous occupons. Pour voir les chefs-d'œuvre que le génie de l'homme a créés, il faut se donner beaucoup de peine, voyager dans une foule de pays, dépenser beaucoup de temps, d'argent et de santé. Pour les œuvres de Dieu, il en est tout autrement. Sans doute la terre en est couverte, et il n'y a point d'existence, si longue et si active qu'on la suppose, qui suffise à en connaître seulement la centième partie; mais toutes ces merveilles sont contenues comme en abrégé dans le petit espace qu'un enfant peut parcourir, et presque sans changer de place on peut en voir le magnifique tableau se dérouler sous ses yeux. C'est pourquoi aujourd'hui encore je vous ramène au même endroit que nous avons exploré plusieurs fois déjà, et où cependant nous allons voir une foule de choses nouvelles.

Un bois, des champs, une prairie, une vaste mare où l'eau du ciel se mêle à celle d'une source voisine, et dans laquelle un rayon de soleil me montre une foule de petits êtres divers dont nous parlerons un jour, que nous faut-il de mieux, et que trouverions-nous de plus à cinquante lieues à la ronde ? D'ailleurs nous avons laissé ici d'anciennes connaissances, et nous serons heureux de les retrouver au passage. Qui sait si elles aussi n'auront pas quelque plaisir à nous revoir, et si, rendues plus confiantes par une amitié de plus ancienne date, elles ne nous livreront pas tout bas quelques secrets renfermés au fond de leurs corolles !

Voici la pervenche que nous avons admirée la semaine der-

nière. Bien nous en a pris de laisser intactes ses fleurs, plus
belles encore aujourd'hui. Elles se sont élargies ; leur teinte est

La mousse.

encore plus suave, s'il est possible, et plus que jamais leurs
grands yeux bleus semblent rêver du ciel.

Sous les feuilles de chêne qui tombent abondamment maintenant, la *mousse* étale son tapis de velours vert si doux à l'œil
et si moelleux au pied. De toutes les plantes que l'on foule

ainsi en marchant, il n'y en a point qui soit d'aussi bonne composition que la mousse, et qui relève aussi bénévolement · sa tête, que d'autres passants viendront bientôt fouler de nouveau. Vraiment la mousse mériterait un autre sort, et, en la voyant ainsi traitée, je ne puis m'empêcher de songer à ces êtres bienfaisants qui travaillent en silence, et que l'humanité méprise ou ignore, tout en profitant de leurs dons. Qui n'a pas rencontré dans sa vie des personnes qui ont le talent de faire croire que tout le bien accompli autour d'elles est leur ouvrage? On les admire, on les loue, et puis un beau jour on découvre que tout ce bien qu'elles ont signé de leur nom est en réalité l'œuvre de quelque douce et modeste créature, qui a sacrifié son existence au bien dont elle ne cherche point la récompense en ce monde, et dont elle laisse sans regret toute la gloire à d'autres.

Ainsi fait la mousse, elle travaille dans l'ombre et la solitude, et sa mort même est encore un bienfait; c'est elle qui engraisse la terre où les autres plantes trouveront leur subsistance; ce sont ses débris qui forment la plus grande partie de la terre végétale, l'humus, indispensable aux plantes d'un ordre supérieur. La mousse meurt; mais, avant de mourir, elle confie au sol ses semences étranges, si longtemps inconnues, et quelques-unes, emportées par le vent, iront s'implanter dans la tige des arbres, du côté du nord, pour s'y abriter des froids de l'hiver.

Il y a une si prodigieuse quantité d'espèces de mousses, que l'on n'en compte pas moins de deux mille quatre cents. Toutefois il faut la prodigieuse patience d'un savant pour en apprendre et en constater les différences spécifiques, qui sont infiniment peu considérables. L'espèce la plus commune dans nos bois a été gratifiée du nom harmonieux d'*hypne triquêtre*.

Comme la plupart de ses congénères, elle est vivace; mais vous embarrasseriez beaucoup le plus savant des savants si vous lui demandiez jusqu'à quelles limites peut s'étendre cette longévité. Ces plantes ont une propriété assez singulière, qu'elles partagent avec les lichens, c'est de reprendre vie et de reverdir après une longue dessiccation.

Lors de notre dernière excursion, il y a presque quinze jours,

la lisière de ce petit bois était couverte de violettes, et aujour-
d'hui c'est à peine si vous en trouverez assez pour faire
quelques bouquets. La saison des fleurs passe vite, et, comme
les illusions, qui sont les fleurs du cœur humain, chacune
tombe à son tour pour faire place à d'autres, jusqu'au jour
où les vents d'automne emporteront dans leurs mélancoliques
tourbillons les dernières fleurs et les dernières feuilles.

Cueillez quelques-unes de ces violettes; ce ne sont pas les
mêmes que celles de la semaine passée, et elles nous offriront
quelques particularités dignes d'attention. Remarquez d'abord
qu'elles n'ont plus la même teinte; elles sont beaucoup plus
pâles et se rapprochent de la teinte propre à la violette de
Parme; elles sont aussi plus larges, plus carrées; leurs pédoncules sont plus longs, plus flexibles, et tout leur aspect a
je ne sais quoi d'égaré. Incontestablement elles sont plus jolies
que les violettes odorantes, mais elles n'ont pas de parfum; et
que sert à une violette d'être plus belle si elle n'a pas cette
douce senteur pour laquelle chacun l'aime et la recherche? Que
sert à une jeune fille d'être belle si elle n'a pas non plus, elle,
ce parfum que chez les humains on appelle le cœur, et pour
lequel surtout on l'aime et on la recherche? De même que la
violette de chien, car tel est le nom que la science et le vulgaire lui ont donné, attire un instant par l'éclat de ses couleurs,
de même la jeune fille qui n'est que belle attire les regards
et quelques vains hommages des hommes frivoles; mais, fleur
sans parfum, elle est bientôt abandonnée, et c'est justice, car
la femme est faite non pour briller comme le soleil, mais pour
répandre autour d'elle l'amour de son cœur, comme la violette
le parfum de sa corolle.

Les fleurs bleues ne sont pas communes dans la nature;
c'est sans doute pour cela qu'on prête cette couleur à beaucoup
qui, vraiment, sont bien plutôt violettes. Vous entendez dire
toute votre vie qu'une pelouse était toute bleue de violettes,
quoique ce soit un contresens tout à fait absurde; vous
entendrez parler de jacinthes bleues, quoiqu'il n'en ait jamais
existé; et la pervenche, qu'on range obstinément dans les fleurs
bleues, est assurément bien plus près d'être violette, si elle ne
l'est pas complètement. Il semble que Dieu, qui a multiplié à

l'infini toutes les autres couleurs, ait été jaloux de celle qu'il a réservée pour son firmament ; il ne l'a donnée aux choses terrestres qu'avec une sorte de réserve. La bourrache, dont la fleur affecte la forme des étoiles du ciel, est bleue ; le bluet, qui tourne vers le soleil sa coupe où se plaisent les gouttes de rosée, est bleu ; le lin, qui fournissait aux lévites et aux grands prêtres leurs tuniques sacerdotales, est bleu ; les oiseaux, qui volent vers le ciel, ont souvent les plumes bleues ; le myosotis, qui se mire dans l'eau, est bleu ; l'eau, qui reflète le ciel, est bleue, et l'œil de l'homme, fait plus que tout au monde pour regarder en haut, emprunte souvent la couleur de ce beau ciel qu'il doit habiter un jour. Toutes les couleurs sont belles, et je ne saurais vraiment dire laquelle je préfère aux autres ; mais la couleur bleue a je ne sais quoi de touchant, de rêveur ; c'est la livrée du firmament, et, comme telle, elle a une affinité particulière avec le cœur de l'homme, ce pauvre exilé du ciel.

Parmi les fleurs censées bleues et véritablement violettes, en voici une qui a bien son charme, tout humble qu'elle est.

Autrefois elle appartenait à la famille des jacinthes, et on l'appelait tout bonnement la *jacinthe* des bois ; mais les savants qui, sous prétexte de tout ranger, commencent, et souvent finissent par tout déranger, ont décrété que cette plante n'avait jamais pu être une jacinthe, que c'était un *scille ;* il est vrai qu'un autre a trouvé que c'était un *agraphis,* et que les classificateurs les plus modernes ne savent plus auquel de ces deux genres rattacher cette pauvre plante. Si vous voulez m'en croire, nous les laisserons batailler entre eux, et, en attendant qu'ils se décident, nous appellerons cette fleur du nom qu'elle a porté si longtemps. Je ne vois pas d'ailleurs pourquoi sa famille l'aurait reniée ; car si elle n'en a pas absolument le type, il ne s'en faut guère, et d'ailleurs elle répand une petite odeur douce qui rappelle très sensiblement celle de la jacinthe.

Quittons maintenant le bois où la fraise sauvage commence à peine à entr'ouvrir ses petites fleurs blanches et si délicates, et rejoignons la prairie, où nous retrouverons quelques anciens amis et de nouvelles connaissances.

Voici d'abord, à côté du lamier rose dont nous avons déjà parlé, le chef de la famille, le *lamier blanc*, ou, comme on l'appelle communément, l'*ortie blanche*. Cueillez-la sans crainte ; elle n'a de l'ortie que le nom, et, malgré ce nom redoutable, c'est une plante absolument inoffensive, et de plus une fort jolie fleur, une de celles dont l'horticulture devrait

Les orties.

bien s'emparer, et qui, si Dieu réalise mon rêve d'avenir, trouvera une place d'honneur parmi celles que je verrai grandir sous mes yeux. Car j'ai fait un rêve, mes enfants, et je puis bien vous le conter, puisqu'il a rapport au sujet que nous traitons ensemble. Eh bien, j'ai donc rêvé, pour un temps plus ou moins éloigné, d'aller au soleil de la belle Touraine, ou non loin de l'Océan, abriter mes vieux jours sous quelque toit rustique, au milieu des fleurs, que j'ai toujours aimées. Chacune, même la plus humble, la plus oubliée, aura sa petite place dans mon parterre, et tout en leur prodiguant mes soins amis je songerai à vous, chers enfants, fleurs charmantes que ma jeunesse cultive avec amour, et dont ma vieillesse, si Dieu m'accorde de longs jours, ne pourra se souvenir sans émotion.

Mais revenons à notre ortie blanche. Sa tige carrée, ses feuilles opposées, ses fleurs verticillées, la forme caractéristique de sa corolle, tout cela vous a déjà dit que c'est une *labiée;* aussi je me contente de vous signaler l'élégance particulière de cette fleur. Vous le savez bien d'ailleurs, je veux vous faire connaître la nature, mais je tiens bien plus encore à vous la faire aimer, et à vous faire remarquer dans chaque plante, dans les plus simples comme dans les plus admirées, ce charme particulier que Dieu a distribué à chacune, comme une sorte de signature, un pâle reflet de son éternelle beauté.

Si les fleurs bleues sont rares, en revanche les fleurs jaunes sont très communes. En voici deux tout près l'une de l'autre : mais voyez quelle différence dans le ton de ces deux couleurs. La nature est un peintre habile; son dessin est plus pur que celui de Raphaël, son coloris plus éclatant que celui du Titien; entre cent fleurs qu'on dit de la même couleur, vous n'en trouverez pas deux qui soient exactement de la même nuance. Ainsi remarquez ces deux là : l'une est d'un jaune vif et brillant, on dirait du satin ; l'autre a les tons doux et pâles du velours. La première est le *léontodon,* ou liondent, comme on le nomme vulgairement. Il appartient à la grande famille des *composées,* à la tribu des *chicoracées,* et à la sous-tribu des *scorzonérées.* C'est une plante sans importance; mais la fleur en est jolie, et produit un heureux effet dans les prairies, où elle habite de préférence.

Quant à la seconde de ces deux fleurs jaunes, je n'ai pas besoin de vous la nommer, c'est l'amie de l'enfance. Qui n'a joué dans son jeune âge avec ces pelotes de coucous tout à la fois embaumées et inoffensives? Ce nom de coucou est tout à fait familier, et le nom scientifique de cette plante est *primevère officinale;* on le lui avait donné à cause des usages qu'elle avait autrefois en médecine. Comme tant d'autres, elle est abandonnée de nos jours, et l'on se figure l'avoir remplacée avantageusement. Je ne sais si c'est une erreur, mais je sais bien qu'on meurt à présent comme autrefois.

Je viens de vous nommer le coucou; voici au loin une voix qui prononce le même nom. Est-ce un écho? Écoutez! coucou... On le dit à droite, on le répète à gauche, là, dans le bois d'où nous sortons. Cette voix ne parle pas, elle chante, et l'oiseau qui fait entendre ce chant monotone ne sait pas dire autre chose. On pourrait lui appliquer ces quatre vers d'une chansonnette que j'ai bien entendu chanter jadis :

La linotte
N'a qu'une note,
Elle a tout dit quand elle a dit cela :
Ah ! ah !

Le *coucou* est un peu plus riche que la linotte, puisqu'il possède deux notes, mais cela ne constitue pas encore un répertoire très varié ; tout le monde les connaît, ces deux notes dont le timbre et la monotonie ont quelque chose de triste, de rêveur, comme un appel sans réponse. Les fables les plus ridicules ont eu cours pendant longtemps au sujet de cet oiseau, dont les mœurs, en réalité, sont assez singulières.

Mais, avant de vous parler de ses habitudes, il faut d'abord vous faire son portrait, car il est peu probable que nous ayons l'occasion de le voir de près. Le coucou gris d'Europe est cendré, avec le ventre blanc, rayé de noir en travers, et la queue tachetée et terminée de plumes blanches. Il a trente centimètres de longueur. C'est un oiseau de passage, et, comme les oiseaux migrateurs, il sait d'instinct l'époque précise à laquelle il peut venir dans nos climats chercher la nourriture qu'avril lui tient en réserve. Il arrive, en effet, au mois d'avril, et pendant trois mois il ne cesse de faire entendre son cri plaintif par tous les temps, la nuit aussi bien que le jour. Sa nourriture se compose presque exclusivement d'insectes, de sorte qu'il ne cause aucun dégât à l'agriculteur ; celui-ci cependant le voit d'un mauvais œil, en raison sans doute des absurdités que l'on a répandues sur son compte. Voilà ce que fait la calomnie. Et si elle ne faisait que cela, si les méchants ne trouvaient pas un auxiliaire tout-puissant dans l'ignorance des uns et la lâcheté des autres !

Ce qu'il y a de plus curieux dans les mœurs du coucou, c'est la façon dont il s'y prend pour assurer le sort de sa nombreuse postérité. La femelle, dont l'existence est très accidentée, ne prend point soin de ses petits, comme la plupart des autres

oiseaux; mais cependant elle ne les abandonne pas complètement, et, incapable de leur donner elle-même ces soins auxquels les autres mères trouvent tant de douceur, elle s'arrange
pour les mettre en nourrice. A cette intention, elle dépose
ses œufs dans le nid de quelque autre oiseau, à peu près
indistinctement. Cette opération n'est pas sans périls pour elle;
lorsque les propriétaires du nid la surprennent en flagrant délit
d'invasion, ils combattent avec énergie pour la cause doublement respectable de la famille et de la propriété, et il reste
bien quelques plumes sur le champ de bataille. Mais lorsque
les œufs ont été déposés dans le nid étranger en l'absence
du maître de la maison, le petit intrus participe à la douce
chaleur qui le fait éclore quelquefois avant, quelquefois après
ses petits compagnons, car la durée de l'incubation n'est pas la
même pour toutes les espèces. C'est alors que se joue le plus
vilain acte de la vie du coucou : jaloux et paresseux, il pré-
cipite du haut du nid les petits de sa mère d'emprunt, et
paye ainsi d'une odieuse ingratitude les soins qu'elle lui a
donnés. L'ingratitude, hélas ! n'est point rare de par le monde;
elle court les rues, elle court les champs, et le nid envahi
où naît et grandit le coucou n'est pas le seul théâtre où elle
accomplisse ses funestes exploits.

CHAPITRE V

Une immense transformation s'est opérée dans la campagne
depuis notre dernière promenade, et, si l'on ne connaissait la
prodigieuse vigueur de la végétation et la patience infinie avec
laquelle elle accomplit son travail, sans prendre une minute de
repos, on serait tenté de se croire transporté dans un autre
monde. C'est que, voyez-vous, non seulement la nature travaille constamment, mais tout travaille en elle, dans le but
unique du bien général. Depuis que l'heure du réveil a sonné,
tout s'est mis en œuvre, comme une immense machine dont
tous les ressorts sont soumis à un même moteur ; et non seulement chaque brin d'herbe, mais chaque partie du brin d'herbe
a commencé consciencieusement ce grand labeur qui doit
donner, au jour marqué par Dieu, sa fleur et son fruit.

Ainsi voyez cette haie ; la semaine dernière elle était encore
toute dénudée ; à peine au bout de quelques rameaux aperce-
vait-on une petite pointe de verdure qui demandait timidement
à s'épanouir ; aujourd'hui c'est comme un mur de feuillage,
sur lequel l'œil se repose avec bonheur, et où le rossignol
viendra bientôt abriter son nid. Rien n'est oisif dans cette
haie ; toutes les racines se sont allongées dans le sol ; par
les extrémités les plus déliées de leurs radicelles elles ont
puisé au fond de la terre les sucs nécessaires à leur nourriture, à celle de la plante, pour mieux dire, car la racine
ne travaille pas pour elle ; puis la sève a monté tout le long

de la tige, s'est répandue dans toutes les branches, et les feuilles, sortant de leurs bourgeons, ont étalé à la face du soleil leur limbe que chaque jour va voir grandir. Bientôt les boutons paraîtront, et l'odeur pénétrante de l'aubépine se répandra au loin.

En attendant l'aubépine, voici son précurseur, l'*épine noire*, qui donne des fleurs déjà depuis quinze jours. Au premier abord on pourrait la confondre avec l'aubépine, à laquelle elle ressemble vaguement; mais il n'y a pas besoin d'y regarder de bien près pour s'apercevoir que cette ressemblance n'est qu'une supercherie, et que ces deux plantes ne sont même pas de la même famille. L'épine noire, dont le véritable nom est *prunellier*, a reçu cette dénomination vulgaire à cause de la couleur sombre de son bois, dont les épines font des piqûres assez douloureuses. Elle appartient à la famille des *amygdalées* [1], comme l'indiquent son calice à tube urcéolé, hémisphérique, à cinq divisions, sa corolle à cinq pétales, munie de quinze à trente étamines et d'un seul pistil.

L'épine noire peut atteindre jusqu'à quinze mètres de hauteur, et donne plusieurs produits utilisés par l'industrie moderne. Les feuilles remplacent quelquefois le thé; l'écorce, traitée par le sulfure de fer, donne une couleur noire qui peut servir d'encre à la rigueur; traitée par la potasse, elle fournit une teinture rouge; de plus elle contient, ainsi que le bois, une quantité de tanin suffisante pour être utilisée dans le tannage des cuirs. Enfin son fruit sert à colorer les vins de qualité inférieure, et donne une liqueur assez agréable. Vous connaissez bien ce petit fruit bleuâtre qui survit aux feuilles, comme la fleur les a précédées, et que l'on nomme prunelle, d'une saveur âcre et désagréable, il devient assez bon lorsque les premières gelées ont passé dessus.

Je vous disais l'autre jour que les fleurs jaunes étaient communes, surtout dans cette saison; nous avons vu, en effet, la ravenelle au sommet de ses vieilles murailles qu'elle aime si fidèlement; le léontodon au milieu des prairies verdoyantes; le coucou dans les prés, dans les champs, dans les bois, un peu

---

[1] Du grec *amygdalé*, amande.

partout. Voici sous nos pas trois autres fleurs jaunes, et, comme vous pourrez le remarquer lorsque nous en aurons cueilli quelques-unes pour mieux les étudier et les comparer, pas une n'est exactement de la même nuance que l'autre. Le *pissenlit* appartient à la famille des *composées* et à la tribu des *chicoracées*. Il a l'honneur d'être servi sur la table de l'homme; toutefois, si c'est un mince honneur pour lui, lui, à son tour, est un mince régal pour ceux qui se nourrissent de ses feuilles roncinées, presque toujours coriaces et quelque peu amères. Pendant presque toute l'année ses fleurs s'épanouissent en larges capitules d'une belle couleur de cuivre pâle, et, quand vient le froid, les dernières tombent en laissant au fond de l'involucre leurs fruits terminés par un bec qui supporte une aigrette de poils blancs et soyeux. La réunion de toutes ces aigrettes forme une touffe légère, qui se disperse au moindre souffle, et que les vents d'automne emportent aux quatre points des cieux.

L'autre fleur jaune est une espèce de narcisse que l'on appelle d'une foule de noms, et auquel la science, habituellement si prolixe à l'endroit des dénominations, n'a su trouver d'autre nom que celui de *narcisse, faux narcisse*. C'est peu satisfaisant, mais c'est ainsi. En revanche, le vocabulaire populaire s'est montré généreux, et cette plante est connue sous une dizaine de noms différents : narcisse sauvage, et c'est le plus juste, puisqu'il croît spontanément sur tous les coteaux, dans les prairies et dans les bois ; narcisse des prés, clochette des bois, porillon, porjonc en Normandie, aiault dans la Sarthe, etc. C'est une fleur solitaire, c'est-à-dire que chaque tige ne porte qu'une fleur, et cette fleur, assez originale avec sa couronne et son périanthe colorés de deux jaunes différents, présente assez bien l'aspect d'une clochette, ce qui lui a valu l'un de ses nombreux noms populaires. On en cultive dans les jardins une variété à fleurs doubles connue vulgairement sous le nom de Pâques, à cause dé l'époque de sa floraison, qui coïncide avec celle de cette fête.

Cette troisième fleur jaune que vous voyez là-bas, au pied des peupliers qui bordent le ruisseau, est le *populage* des marais, communément appelé souci d'eau. Il appartient à la

famille des *renonculacées*, à la tribu des *elléborées*. Remarquez
que cette brillante coupe dorée, au fond de laquelle s'étalent de
nombreuses étamines, n'est point la corolle, comme on pourrait
le croire, mais tout simplement le calice, qui, au lieu de se
contenter de l'humble couleur verdâtre qu'il revêt dans la plupart des plantes, s'est taillé un vêtement de satin non moins
éclatant que celui du liondent, son voisin et son contemporain,
ou que celui du bouton d'or, son proche parent, que nous verrons bientôt paraître. On donne généralement à ces calices
colorés le nom de périanthes, quoique jusqu'à présent la si-
gnification exacte de ce mot n'ait pas encore été bien déter-
minée par les botanistes.

Le populage est très abondant à la fin d'avril dans les prairies et les terrains marécageux ; ses larges feuilles cordiformes
sont épaisses et d'un beau vert.sombre ; ses racines s'enfoncent
profondément dans le sol pour y puiser les sucs aqueux dont
les tiges sont remplies ; et si quelquefois, voulant transporter
dans vos jardins cette plante infiniment plus belle que beaucoup de celles que vous y cultivez peut-être , il vous prend
fantaisie d'en arracher quelques pieds au bord des ruisseaux, vous ferez sagement d'enlever une large motte de
terre, pour éviter de couper les profondes racines de cette
plante amie du sol qui l'a vue naître.

Nous n'avons pas fini avec les fleurs jaunes. Au bout de cette
prairie où le populage nous a conduites, voyez cette haie
entièrement jaune. Je ne sais si c'est pour cette fleur-là qu'on a
inventé la phrase bien connue : « Qui s'y frotte s'y pique ; »
mais je sais qu'on pourrait justement la lui appliquer, car
c'est une plante essentiellement piquante. L'*ajonc* ne se contente pas d'avoir des aiguillons comme la rose, ou même des
épines comme l'aubépine, le prunellier et tant d'autres ; il a
fait de chacune de ses feuilles une espèce de petite épée avec
laquelle il vous pique par mille endroits à la fois. Il n'y a point
de plante qui ait un aussi mauvais caractère ; par quelque
endroit qu'on essaye de la toucher, toujours une pointe.

Il y a bien des gens qui ressemblent à l'ajonc.

Mais voyez donc là-bas, sur ce buisson d'épine noire,
quelque chose comme une feuille morte qui s'agite, se relève

et s'abaisse pour remonter encore. Déjà des feuilles mortes !
La nature à peine adolescente a-t-elle déjà quelque deuil à
déplorer, et ce nuage qui passe au front du ciel serait-il l'emblème de sa douleur ? Rassurez-vous ; cette feuille est un papillon, le *rhodocera rhamnis,* ou, pour parler français, le
citron, un des papillons les plus communs de nos pays, qui
se montre dès les premiers jours du printemps, et que l'on
retrouve encore à la fin de l'automne , alors que les feuilles
mortes, les vraies feuilles mortes, s'en vont comme lui, volti-
geant au gré de tous les vents. Le voici pour le moment posé
sur le revers de ce fossé ; il y a découvert une violette tardive,
et, reconnaissant en elle une des premières fleurs qui ont souri
à son réveil, il la salue au passage. Faisons comme lui, disons
adieu à cette gracieuse fleurette, qui pour nous aussi est une
ancienne connaissance ; lorsque nous reviendrons, la dernière
aura disparu , car chaque fleur n'a qu'une saison , et une
saison qui dure bien peu de temps ; d'autres la remplaceront,
et, non moins éphémères, à leur tour elles feront place à
d'autres encore, jusqu'au jour où l'uniforme variété des
choses terrestres ramènera, après les glaces d'un nouvel hiver,
les nouvelles fleurs d'un nouveau printemps.

CHAPITRE VI

Voici le mois de mai, le mois charmant entre tous, le mois
des fleurs, des papillons, des oiseaux et des chants. Il ne faut
pas croire toutefois qu'il ait plus de fleurs ou plus d'oiseaux
que les mois d'été qui lui succéderont ; beaucoup de fleurs , et
des plus belles, ne s'épanouissent qu'en juin, le mois des roses ;
beaucoup d'insectes attendent les grandes chaleurs de l'été pour
briser les fragiles murailles de la prison où ils dorment depuis
des mois : beaucoup d'oiseaux ne sont pas encore sortis du nid
que l'admirable adresse de leurs parents leur confectionne avec
des soins si touchants ; mais en ce mois tout est frais, tout est
nouveau, tout est jeune dans la nature. Et rien ne remplace
ce parfum de jeunesse, qui passe si vite, pour l'homme comme
pour les fleurs. Toutefois il est pour ces dernières une jeunesse
éternelle que chaque printemps leur ramène, tandis que pour
l'homme, au contraire, chaque année lui en enlève une nouvelle parcelle. Cette différence pourrait éveiller dans l'âme
humaine une pensée profondément mélancolique, mais le plus
souvent il n'en est rien ; il y a tant de vie répandue dans l'air
que l'on s'en imprègne, pour ainsi dire, sans s'en apercevoir,
et l'on croit rajeunir de l'éternelle jeunesse des fleurs.

Tout est si gracieux au mois de mai ! La terre n'a pas donné
toutes ses richesses, elle en tient encore beaucoup en réserve ;
mais c'est un charme de plus. A côté du bonheur, c'est l'espérance ; à côté de la fleur aimée qui ce soir sera flétrie, c'est le

bouton qui s'épanouira demain ; à côté de la violette qui se ferme, c'est la rose qui s'entr'ouvre. Souvenirs, jouissance, promesses ! voilà le mois de mai. Et qui oserait dire après cela qu'il n'est pas le plus charmant de l'année, puisqu'il réunit ces trois choses dont une seule donne quelquefois à l'âme un bonheur relatif, et qui forment l'éternelle félicité de ce monde meilleur où rien ne finit. Hier, aujourd'hui, demain, ce sont les trois syllabes d'un mot qu'on épelle sur la terre, et qu'au ciel on prononce « toujours ! »

Le mois d'avril nous a présenté toute une série de fleurs jaunes ; le mois de mai est particulièrement celui des fleurs blanches. A l'abricotier, à l'amandier, défleuris depuis quelques semaines déjà, et soigneusement occupés à transformer en fruits ces fleurs que nous admirions à la fin de mars et au commencement d'avril, ont succédé les fleurs nombreuses et délicates du prunier, les longues grappes si touffues et si blanches du cerisier, les bouquets en corymbes du poirier, si coquettement encadrés de feuilles brillantes ; les pommiers, craintifs pour leurs fruits si utiles, n'ont pas encore ouvert leurs fleurs rosées, mais ils commencent à y songer, et en attendant les marronniers laissent deviner, au milieu du gracieux fouillis de leurs feuilles digitées, les longs thyrses blancs ou roses dont ils seront couverts dans quelques jours ; les lilas blancs exhalent leurs parfums enivrants, et l'aubépine entr'ouvre ses boutons blancs au milieu d'un feuillage épais et finement découpé. Dans les bois, le fraisier élève au-dessus de la mousse sa petite corolle blanche toute modeste ; dans les prairies, les pâquerettes étalent par milliers leurs disques blancs à l'intérieur, et rosés lorsque le soleil a cessé de les caresser ; l'ornithogale déploie son étoile d'argent au soleil de onze heures ; au plus profond des bois, dans l'ombre et la solitude, le muguet balance au moindre vent sa clochette blanche si parfumée ; les saxifrages agitent avec une sorte de gravité rêveuse leurs coupes gracieusement évasées ; enfin, les stellaires, nombreuses comme les étoiles du ciel, dont leur nom rappelle le souvenir, fleurissent le long de toutes les haies, au milieu des épines et des herbes de toute sorte.

La pâquerette est une fleur si commune dans nos prairies

qu'il est impossible d'y faire un pas sans en fouler quelques-unes aux pieds. Cueillez-en donc sans trop de regrets, puisqu'elles sont si abondantes, et effeuillez-en une, non pour l'usage profane auquel on les sacrifie trop souvent, mais pour étudier dans cette petite fleurette toutes celles qui forment avec elle la grande famille des *composées*. Jusqu'à ce moment nous avons fait de la botanique un peu en amateurs; il faut bien, une fois par hasard, nous égarer quelque peu dans les sentiers de la science. Ne craignez rien toutefois, nous n'irons pas trop loin.

La famille des *composées* est la plus considérable de tout le règne végétal, dont elle forme un vingtième à peu près. On en compte quelque chose comme neuf mille espèces, et je vous laisse à penser si les savants se sont évertués à la diviser, à la subdiviser et à la resubdiviser. C'est à en perdre la tête; aussi je vous fais grâce des détails, car toute cette nomenclature adoptée par les uns, controversée par les autres, sera peut-être rejetée par tous demain. Les œuvres de l'homme sont changeantes comme lui-même, et tandis qu'il renverse aujourd'hui l'édifice laborieusement élevé hier, les œuvres de Dieu, toujours semblables à elles-mêmes dans leur infinie variété, participent à cette immutabilité qui a pu dire d'elle-même : « Je suis le Seigneur, et je ne change pas. »

La division la plus simple, ou plutôt la moins compliquée, qui est fondée sur des caractères bien déterminés, partage cette immense famille en trois embranchements : les *semiflosculeuses*, les *flosculeuses* et les *radiées*. La pâquerette appartient à ce dernier embranchement, par son disque jaune entouré de rayons blancs. Elle est dite plante acaule, parce qu'elle n'a pas de tige proprement dite; ses feuilles sont radicales, parce qu'elles se développent immédiatement au-dessus de la racine; ses fleurs sont portées sur une tige florale indépendante des feuilles, et qui prend dans tous les cas semblables le nom spécial de hampe; le calice, cette partie verte qui semble n'être que l'épanouissement des fibres de la hampe, a reçu pour la famille des *composées* le nom spécial d'involucre, qui veut dire enveloppe.

Ces petites languettes blanches qui rayonnent autour du

disque jaune sont munies d'un pistil, qui se cache tout au fond
de chaque rayon; enfin le disque est composé d'une multitude
de fleurs tubuleuses, qui contienneut à la fois des pistils et
des étamines. Maintenant que nous avons enlevé toutes les
fleurs, il ne nous reste plus que le réceptacle, sorte de petite
poche conique, marquée de mille petits points noirs dans lesquels étaient attachées les fleurs; cette petite poche, vide
encore, plus tard renfermera les graines, lorsque la pâquerette, docile à l'ordre divin, aura accompli le précepte imposé
à la première de son espèce sortie des mains de Dieu : « Croissez
et multipliez. »

Les semences de la famille des *composées* ont reçu des
hommes le nom spécial d'akènes, parce qu'elles ne s'ouvrent
pas, et de la nature elles ont reçu une aigrette de poils légers
qui leur sert d'ailes, pour ainsi dire, et les transporte souvent
loin du lieu de leur naissance.

Il n'y a que le premier pas qui coûte, dit-on. Eh bien !
puisque nous en avons hasardé un dans le chemin de la botanique sérieuse, essayons d'un second, ne serait-ce que pour
voir si le proverbe a raison. Je vous ai nommé tout à l'heure,
dans la liste des fleurs blanches qui s'épanouissent en mai,
l'ornithogale. Voilà un nom singulier, n'est-ce pas? Mais il y a
quelque chose de bien plus singulier encore, c'est que personne ne pourrait vous dire pourquoi l'on a baptisé de deux
mots grecs signifiant oiseau et lait cette jolie *liliacée,* dont
la blancheur pourrait bien encore rappeler celle du lait, mais
qui n'a absolument rien à voir avec l'oiseau. Les fleurs sont
disposées en corymbes, c'est-à-dire que les pédoncules, partant
de différents points, s'allongent plus ou moins, de manière que
les fleurs se trouvent toutes à peu près à la même hauteur.
C'est donc à tort qu'on appelle cette variété ornithogale à
ombelle, puisque pour constituer une ombelle il faut que
tous les pédoncules partent du même point que la tige.

Comme dans toutes les liliacées, la corolle est absente, à
moins que l'on ne considère comme telle, selon quelques botanistes, les trois parties intérieures du calice ou périanthe. Ce
périanthe est formé de six divisions profondes, presque entièrement vertes à l'extérieur, et d'un blanc argenté à l'intérieur;

les étamines, au nombre de six, sont larges comme des pétales, et s'amincissent vers la pointe, sur laquelle se balance l'anthère bilobé. Au milieu des étamines s'élève, mais s'élève bien peu, un ovaire surmonté d'un style unique.

Tout ce que nous venons de voir dans cette ornithogale, se retrouve à peu près tel quel dans toutes les liliacées, et surtout dans la tribu des hyacinthinées, à laquelle elle appartient.

Le muguet est proche parent de l'ornithogale; il appartient à la famille des *liliacées*, à la tribu des *asparagées*. Tout le monde connaît cette petite fleur si délicate, si parfumée, qui semble emprunter un charme de plus à la vie retirée qu'elle mène, non seulement au fond des bois, mais encore au fond du cornet que lui forment ses larges feuilles radicales. Les poètes ont donné mille épithètes aux fleurs; ils ont dit : « le chêne superbe, le lis immaculé, l'humble violette; » ils auraient dû dire que le muguet était recueilli, car l'idée du recueillement est la première qui doit venir à l'esprit, ce me semble, quand on voit cette petite grappe blanche, abritée derrière les deux rideaux de son propre feuillage, incliner sa tête vers la terre, comme pour méditer sur les grands enseignements du temps, qui, pour elle comme pour tous, passe si vite. Si le muguet est rare au fond des bois, qu'il embaume de son parfum si frais et si suave, voici une fleurette qui, en revanche, élève un peu partout ses tiges flexibles, au sommet desquelles se balance un bouquet de jolies fleurs blanches. C'est la saxifrage [1] granulée, que l'on rencontre fréquemment dans les pâturages le long des coteaux, et sur la lisière des bois, auxquels elle forme comme une sorte de guirlande. La tige est le plus souvent d'une couleur brune presque rouge; les feuilles sont réunies en rosettes à la partie inférieure de la plante, et la fleur est d'un blanc particulier, tout différent de celui du muguet, ou des stellaires, ses voisines et ses contemporaines. Celles-ci sont d'une nuance plus pure, plus complètement blanche, plus lumineuse; elles rappellent le teint brillant, mais si éphémère, des blondes filles d'Albion; tandis que les autres font penser à ces beaux teints mats des femmes du Midi, dont la pâleur a tant d'éclat.

[1] Du latin *saxum*, pierre; *frangere*, briser.

Chasse aux hannetons.

Les stellaires font partie de la famille des *caryophyllées*[1]. Ce sont ces jolies petites fleurs blanches que vous voyez par milliers le long de tous les chemins. Au premier abord on pourrait croire leur corolle composée de dix pétales en forme de languettes; mais en y regardant de plus près on s'aperçoit qu'il n'y en a, en réalité, que cinq, mais que chacun est fendu en deux jusqu'à la moitié de sa longueur. Les sépales, au nombre de cinq également, alternent avec les pétales et les dix étamines, et entourent de leurs anthères poudreuses les trois styles de l'ovaire. La tige, noueuse et cassante, est garnie de feuilles opposées, étroites et lancéolées; et lorsque les broussailles au milieu desquelles elle croît le plus souvent sont trop épaisses et menacent de lui cacher le soleil, elle s'allonge considérablement, et, passant sa tête fine et gracieuse à travers les ronces et les épines, elle vient sans rien dire prendre sa petite place au soleil du bon Dieu. Ce soleil brille pour tout le monde, il ne s'agit que d'écarter les broussailles.

Après avoir parlé des charmes du mois de mai, il faut bien, pour être juste, se décider à parler des hôtes nuisibles qu'il ramène dans nos champs et dans nos jardins. Le hanneton! Qui ne le connaît? Quel enfant n'a passé des heures à le poursuivre, et à s'en amuser en le tourmentant de mille manières? « Cet âge est sans pitié, » a dit la Fontaine.

Toutefois, je l'avoue, moi qui aime tout dans la nature, qui me détourne pour ne pas fouler aux pieds un brin d'herbe qui pousse, qui chasse les mouches importunes, mais ne les tue jamais, je ne me sens pas la plus petite commisération pour ce malheureux hanneton; je le fuis comme s'il était dangereux, quoique, en réalité, ses vilaines pattes velues ne soient nullement malfaisantes, et qu'il n'ait jamais, à ma connaissance, ni piqué, ni pincé, ni endommagé personne; mais enfin je l'ai en aversion, et je vous avoue même qu'il m'est arrivé quelquefois d'en enterrer un sous le sable, et de l'écraser avec une sorte de colère. Cette exécution peut n'être pas très louable, mais je n'en ai pas la contrition; car le hanneton est un animal nuisible dans toute l'étendue du mot. Beaucoup d'autres

---

[1] De *caryophyllus*, ancien nom de l'œillet.

sont préjudiciables sous certains rapports ; mais ils compensent leurs ravages par les services que, vivants ou morts, ils rendent à l'homme ; tandis que le hanneton n'est absolument bon qu'à faire le mal, et je me demande, en vérité, si l'on arrivera jamais à découvrir en lui une parcelle de cette utilité commune à toutes les œuvres de Dieu. Sous quelque état qu'il se présente, c'est un être malfaisant, et les dégâts qu'il cause sont incalculables. De plus, c'est un hypocrite, et rien que ce défaut-là suffirait pour en faire un objet digne de la haine du genre humain. Car il faut bien le dire à la louange de ce pauvre genre humain qu'on a si peu d'occasions de féliciter, l'hypocrisie est un vice généralement abhorré, et ceux-là mêmes qui s'en font une cuirasse ont soin de la parer du dehors de la plus pure franchise, pour se garer du mépris de tous et de chacun.

Ainsi fait le hanneton. Voyez-le pendant le jour, il se tient tranquillement sous les feuilles des arbres, il n'en bouge pas, et si l'on secoue l'arbre assez fort pour l'en décrocher, il se laisse tomber lourdement sur le dos ; on croirait vraiment que c'est la bête la plus inoffensive de la création. Mais attendez que le soleil soit couché et vous allez le voir à l'œuvre ; tel arbre qui aujourd'hui est couvert d'une verdure naissante que vous admirez, demain sera dévasté, et dans quelques jours il ne restera plus une feuille. Bien heureux encore s'il donne du fruit dans deux ans.

Quand on a un si formidable appétit, on devrait être, ce semble, un peu moins délicat sur le choix des aliments ; mais le hanneton, tout vorace qu'il est, s'attaque spécialement aux jeunes pousses ; il lui faut une nourriture à la fois tendre et succulente, et la nature entière semble n'être pour lui qu'une vaste table servie pour son plus grand bonheur. Il s'en va d'un arbre à l'autre, volant d'un air affairé, et se frappant maladroitement contre les obstacles que son étourderie ne sait pas découvrir. Mais ce n'est pas tout, la liste de ses méfaits est à peine commencée. Après le coucher du soleil, toujours à la brune, comme les méchants qui fuient la lumière, le hanneton creuse dans la terre un trou qui atteint à peu près 0^m15 de profondeur, et y dépose une quarantaine d'œufs, d'où sortiront dans

cinq ou six semaines ces affreuses larves d'un blanc sale, connues sous le nom de turcs, mans ou vers blancs. Elles vivront
trois ans, peut-être jusqu'à quatre dans ce premier état; puis
elles se transformeront en chrysalides, et resteront environ six
semaines dans ce second état, le seul sous lequel elles soient
inoffensives. Les larves de toutes les espèces sont d'une voracité prodigieuse; celle du hanneton, qui a si bien de qui tenir,
est l'un des plus grands fléaux de l'agriculture. Outre qu'elle
se trouve toujours, grâce à la prévoyance maternelle, logée
dans une terre fertile et bien cultivée, elle est munie d'un si
furieux appétit, et pourvue de telles mâchoires, que rien ne
lui résiste; elle coupe les racines des plantes, celles des arbres
même, qui languissent et finissent par succomber sous les
coups de cet ennemi aussi chétif que puissant. On dit habituellement : « Tel père, tel fils ; » mais ici c'est encore mieux,
le fils dépasse le père, en attendant qu'il soit dépassé à son
tour. Voilà ce qu'est le hanneton! Et dire qu'après tout cela il
s'est trouvé un homme, un écrivain plein de cœur et d'esprit,
qui a osé dire que « le hanneton est la plus belle conquête de
l'homme ». Topffer est de mes amis, et de mes meilleurs ;
j'aime par-dessus tout la grâce naïve de son style, dans lequel
on trouve à chaque ligne l'artiste, le philosophe et l'honnête
homme; mais pour lui pardonner cette boutade, j'ai besoin
de me souvenir qu'il la place dans la bouche d'un écolier, enchanté que l'étourderie d'un hanneton vînt le distraire d'un
thème ennuyeux.

L'homme, qui a su tirer parti de tant de choses, n'a encore
rien pu faire de ce coléoptère; il n'a même pas su en délivrer
ses plantations, et les enfants, intéressés pour leurs jeux
cruels, sont à peu près les seuls qui lui fassent la guerre,
pendant les vingt ou trente jours qui composent son existence
aérienne.

Le cultivateur laisse détruire autour de lui les petits des
oiseaux, qui sont pour lui des auxiliaires et des amis; mais
il ne fait rien pour diminuer tout au moins les innombrables
légions de ces ennemis malveillants.

L'homme est un fou d'autant plus dangereux qu'il se croit
sage.

CHAPITRE VII

Je viens de voir une des plus belles expositions qui aient eu
lieu depuis celle qui réunit dans Paris, alors si brillant et
pourtant si près de sa ruine, toutes les merveilles et tous les
peuples du monde. L'exposition de Blois était fort belle : la
peinture, la sculpture, l'orfèvrerie artistique, qui de tout
temps a produit de si jolies choses, en un mot, tous les arts
y avaient envoyé quelques spécimens choisis avec soin. Toutes
ces belles choses s'encadraient à ravir dans ce palais qui a vu
passer les grandes ombres des rois, et qui a gardé quelque
chose comme l'écho du bruit de leurs pas. Cependant, vous
l'avouerai-je, j'en suis revenue presque attristée : toutes ces
choses sont belles, mais elles ne peuvent être le partage que
d'un bien petit nombre ; de plus elles n'ont pas la vie en elles,
elles sont mortes, ceux qui les ont créées sont morts ou le
seront demain, quoiqu'on les dise immortels. Aussi, mes
chères petites fleurettes, avec quel bonheur je reviens vers
vous ! Me voici plus éprise que jamais de vos charmes innocents, plus désireuse de ne contempler que vous, de n'admirer
que vous, de n'aimer rien autant que vous. Vous, mes petites
fleurs, vous fleurissez pour tout le monde, et tandis que
l'homme parcimonieux ne livre qu'à prix d'or les chefs-
d'œuvre qu'il a exécutés, vous, vous ouvrez pour tous, pour
le pauvre encore plus que pour le riche, vos corolles d'or,
d'argent ou de pourpre, dans lesquelles la rosée dépose ses

diamants. Oh ! combien vous me semblez belles, et avec quel bonheur je vous dis comme le poète :

Heureux qui les revoit, s'il a pu les quitter !

Tandis que la vapeur m'emportait rapidement au travers des riantes campagnes de la Touraine, je contemplais d'un regard d'envie les innombrables fleurs que ce climat précoce et vraiment privilégié étalait aux brûlants rayons d'un soleil sans nuage. Tout en appréciant cette facilité de locomotion, je me prenais à regretter ces vieilles diligences d'autrefois, dont mon enfance a vu les derniers vestiges, et que regretteront éternellement les touristes, les peintres et les poètes. Alors on visitait les pays, maintenant on les parcourt ; alors aussi, si quelque fleur épanouie au bord du chemin excitait l'attention et l'envie d'un voyageur, il n'était pas impossible de corrompre le conducteur au point de lui faire arrêter son lourd véhicule pendant un instant ; les chevaux ne s'en plaignaient pas, et le voyageur emportait cette petite fleur souvent bien loin du lieu où elle était née.

Ceci me rappelle une historiette qui a tout au moins le mérite d'être authentique, et dont je connais très particulièrement l'un des acteurs. C'était au temps déjà lointain où la ligne du chemin de fer n'existait pas encore entre le Mans et Paris. Le service se faisait par les diligences, et ce n'était pas comme maintenant un voyage de quelques heures, mais bien de quelques jours. Pour nous autres, contemporains de la vapeur, nous trouvons que des voyages dans de telles conditions devaient être quelque chose d'horriblement ennuyeux, mais apparemment nos ancêtres étaient plus patients ou moins pressés que nous ; car je connais bien des gens qui, en face d'un express lancé à toute vapeur, parlent avec une sorte d'attendrissement des grandes diligences de leur jeunesse.

En quittant Nogent-le-Rotrou, la grande route de Paris, après avoir dépassé le pittoresque clocher de Margon, présente une côte fort longue et assez rapide, qui borde d'un côté la plus fraîche, la plus poétique vallée que l'on puisse rêver. De temps immémorial il était d'usage que le postillon, au bas de cette côte, offrît aux voyageurs de prendre par la traverse un petit sentier qui les amenait toujours les premiers au haut de la grande butte. Or, le jour que je veux dire, il y avait dans le coupé trois voyageurs, que le hasard avait réunis. L'un était un jeune homme qui pouvait avoir une vingtaine d'années, l'autre une femme très jeune, peut-être une jeune fille, le troisième un homme d'un certain âge, un vieillard par rapport à ses deux compagnons. Lorsque le conducteur vint faire sa proposition accoutumée, le jeune homme, tout heureux de se délier les jambes, descendit seul, et s'en alla par les chemins verts, escaladant les haies, sautant les ruisseaux, et cueillant à l'aventure les innombrables fleurs que le mois de mai avait fait épanouir. Une fois seulement il s'arrêta, et contempla pendant quelques instants une charmante propriété bâtie à mi-côte sur l'autre bord de la route, et coquettement encadrée dans les lilas. Et le jeune homme, qui ne cherchait que des fleurs alors, ne se doutait guère que, quelques années après, c'était là justement que, de cinquante lieues de distance, il reviendrait chercher la compagne de ses jours.

Mais pour le moment ce n'était qu'un étudiant en médecine, allant à Paris pour subir quelque examen. Qui dit étudiant, de tout temps a dit étourdi, souvent extravagant, toujours fanfaron. Celui dont je vous parle aurait eu grand regret de ne pas ressembler aux autres, au moins sous ce rapport. Lorsqu'il rejoignit la diligence, il était chargé d'un énorme bouquet ou, pour mieux dire, d'un véritable fagot de fleurs, qu'il se mit à arranger avec tout le soin possible. Après en avoir offert quelques-unes des plus belles à sa jeune voisine, il entreprit de lui faire un cours de botanique, les preuves en main. La jeune fille paraissait écouter volontiers; le jeune homme était enchanté de parler, et il le faisait avec cette nuance de poésie, avec cet entrain de jeunesse que l'on retrouve encore si vivaces en lui, maintenant qu'il a les cheveux blancs. Mais la poésie n'est pas tout en botanique, surtout dans certains cas, et lorsqu'il avançait hardiment quelque définition, selon lui très savante, et que sa voisine écoutait la bouche ouverte, tant ces grands mots grecs lui paraissaient admirables, le vieux monsieur dans son coin poussait de temps en temps quelques petites interjections qui ne semblaient pas absolument approbatives. Le jeune homme continuait toujours; mais à la fin il se sentait que'que peu gêné de ce contrôle muet et pourtant significatif. Toutefois il ne se permettait pas de douter de lui-même, c'était un étudiant. Enfin il lui échappa une hérésie plus grave encore que toutes les autres; le vieux monsieur ne se contenta plus de sourire ou de hausser les épaules, il prit la parole :

« Mon jeune ami, dit-il, voulez-vous bien me laisser rectifier quelques petites erreurs que vous avez commises? Vous me faites l'effet d'aimer beaucoup cette charmante science de la botanique; mais, d'après ce que j'ai pu en juger, elle a encore quelques secrets pour vous.

— Mais, Monsieur...

— Vous en avez bien quelques notions; mais si vous vouliez me permettre de vous le dire...

— Monsieur, je suis étudiant en médecine.

— Je m'en doutais, » fit le vieillard en souriant. Et il se tut; mais le jeune homme en fit autant, et le reste de la route sembla long à tout le monde. Quand ils furent près d'arriver à Chartres, où le vieux monsieur s'arrètait, celui-ci dit à son jeune compagnon :

« Je regretterais vraiment de vous avoir fait de la peine, Monsieur; mais ne vous offensez pas si je me suis permis de vous donner une petite leçon de botanique, j'en ai donné à tant d'autres! Je suis M. de Candolle. »

Autant aurait valu dire : Je suis la Botanique en personne, car M. de Candolle avait acquis dès cette époque la célébrité qui l'a mis au rang des Jussieu, des Tournefort et des Linné. Vous jugez si l'étudiant se trouva quelque peu pétrifié; mais il avait assez d'esprit pour réparer son étourderie, et accepter comme un véritable honneur une poignée de main du grand naturaliste.

« Étudiez, étudiez beaucoup, lui dit celui-ci; la nature est un livre immense devant lequel les plus instruits ne sont encore que des ignorants. »

L'étudiant en médecine a mis en pratique le conseil de l'illustre professeur, il a beaucoup étudié la nature, et s'est sou-

venu de l'histoire de M. de Candolle, qu'il m'a racontée lui-
même plus d'une fois, en ne manquant pas d'y ajouter cette
morale que je vous transmets telle quelle :

« Si vous voulez m'en croire, ma fille, ne parlez jamais de
ce que vous ne savez pas, et encore moins de ce que vous ne
savez guère. »

Je ne sais si vous avez remarqué comme moi, mes chères
petites, la prodigieuse multiplicité de fleurs qui couvrent les
talus entre lesquels le chemin de fer roule le plus souvent. Soit
que ces terres remuées en grandes masses pour la construction
de la ligne leur plaise de préférence, soit que la position in-
clinée leur convienne, soit enfin que personne, sauf les papillons, n'aille troubler leur tranquille existence, toujours est-il
qu'elles sont plus nombreuses et même plus belles là que partout ailleurs. Du moins elles me semblent telles ; mais qui
sait si ce n'est pas pour cette double raison qu'on les voit en
passant, et qu'on ne peut les saisir? Ce qu'il y a de certain,
c'est que bien des fois j'ai gémi de ne pouvoir descendre pour
en prendre quelques-unes au passage. Une fleur ainsi aperçue
à la vapeur, c'est comme une amie qui, sachant que vous ar-
rivez, vous attend, vous suit des yeux, et lorsque l'angle de la
route va vous dérober à elle, vous dit tristement : Tu passes,
et moi je reste.

Les fleurs d'aujourd'hui ce sont les genêts et l'aubépine; la
campagne en est parsemée, et il n'y a pas un coin, si sauvage
qu'il soit, si déshérité qu'il paraisse, qui ne resplendisse en ce
moment de leurs corolles brillantes ou parfumées.

L'*aubépine* est un arbrisseau de la famille des *rosacées*.
Les botanistes, après l'avoir longtemps tourmentée, ont fini,
du moins nous espérons qu'en effet c'est une chose terminée,
par la ranger dans le genre *épine*, et ils ont eu le courage
d'imposer à cette fleur charmante le nom peu harmonieux de
cratægus oxyacantha. Le vulgaire dit tout bonnement bois
de mai, épine blanche, ou, ce qui revient au même, aubépine.

En sa qualité de rosacée, l'aubépine a un calice à cinq
divisions, et une corolle à cinq pétales ; ses étamines sont en
nombre indéfini ; et, pour le remarquer en passant, c'est cette
grande quantité d'étamines qui a permis à l'horticulture

d'obtenir de toute cette famille des variétés de fleurs doubles presque à l'infini.

L'aubépine, comme l'églantine, sortant de la haie où la nature l'avait placée, est venue à son tour étaler dans nos jardins ses longues branches couvertes de fleurs tellement doublées qu'elles ressemblent à des roses microscopiques. Telles que la culture les a faites, je les trouve fort jolies ; mais, sans parti pris, je les préfère telles que le bon Dieu les avait créées, et cette couronne de pétales, creux comme de fines coquilles, entourant ces nombreux filets surmontés de leurs anthères roses, me semblait tout aussi charmante que cette fleur chiffonnée, dans laquelle on ne distingue plus rien du tout, et qui n'a d'autre mérite que d'avoir l'air d'une rose, quand elle n'est qu'une aubépine.

Le *genêt* est contemporain de l'épine blanche ; leurs fleurs commencent à s'épanouir au même moment, mais celles du genêt durent bien plus longtemps ; et ses longues branches flexibles en seront encore couvertes lorsque l'aubépine aura perdu toutes les siennes. Voilà ce qu'il en coûte d'être de la famille des roses.

Si le genêt n'était pas une plante essentiellement commune, s'il ne se contentait pas pour vivre et donner ses milliers de fleurs d'or des terrains les plus pierreux et les plus impropres à toute autre culture, on n'aurait pas assez d'admiration pour cet élégant arbrisseau, dont les fleurs innombrables ont la couleur de l'or le plus pur. Le cytise, l'acacia, la glycine, l'arbre de Judée, et tant d'autres, qui font l'ornement de nos jardins, appartiennent comme le genêt à la grande famille des *papilionacées*, qui a tout pour elle, la forme, rappelant celle d'un papillon aux ailes étendues, la couleur, l'utilité quelquefois, le parfum très souvent, la grâce toujours. Mais, si admirées que soient certaines espèces cultivées, je ne sais pas bien ce qu'elles ont de plus que cette fleur de genêt, délaissée de tous. Après tout, que lui importe ? Assez de plantes de tous pays occupent dans nos parterres la place que nous leur réservons à grands frais, et il est bon que quelques-unes soient oubliées le long des routes, où elles charment parfois le voyageur, et dans le fond des bois, où elles servent de retraite à l'oiseau qui leur chante sa chanson, à l'abeille qui va y butiner son miel. Le genêt est d'ailleurs une plante essentiellement amie de la liberté ; il lui faut peu de chose pour vivre, mais il ne peut se passer du grand air et de ces habitudes quelque peu sauvages du peuple antique qui lui a donné le nom sous lequel il est connu encore aujourd'hui. Le mot genêt vient de « gen », qui, en celtique, signifiait arbrisseau. Malgré son origine modeste et ses goûts rustiques, le genêt a eu cependant une page dans l'histoire ; on le vit jadis orner une toque de simple gentilhomme qui devait se transformer en un diadème royal. Mais je ne sais trop s'il fait bon, même pour les fleurs, se mêler aux joyaux des couronnes. Les Plantagenets ont vu de tristes jours, la rose rouge et la rose blanche ont symbolisé d'effroyables massacres, et les lis de France ont été maculés du sang des rois. Pauvres fleurs ! comme on vous injurie, comme on vous profane en mêlant votre nom aux folles querelles des humains !

Deux petites plantes bien connues fleurissent le long des haies parmi les aubépines et les genêts ; c'est la fumeterre et le géranium sauvage, vulgairement appelé herbe à Robert.

La *fumeterre* est ainsi nommée, dit-on, parce que son feuillage, extraordinairement léger, semble sortir de terre comme une fumée.

Le *géranium* est une petite fleurette charmante ; dès les premiers jours du printemps nous l'avons vu étaler sur la terre encore dépouillée ses tiges d'un beau rouge carmin et ses feuilles élégamment découpées ; nous le retrouvons maintenant orné de ses corolles d'un rose vif, dont les cinq pétales réguliers entourent dix étamines irrégulières réunies en colonne, et du centre desquelles s'élève un pistil à cinq styles, rouges comme une étoile de corail.

Voici dans ce champ en friche une fleur bleue, mais bleue pour de bon ; c'est la *bourrache,* type de la famille des *borraginées*. On la croit originaire de l'Asie Mineure, quoiqu'elle soit de temps immémorial naturalisée dans nos climats, où elle fleurit tout l'été. Ses tiges et ses feuilles sont couvertes de poils rudes et très désagréables au toucher ; c'est sa manière à elle de se défendre contre les attaques des uns et des autres, c'est son épine ; et, plus pratique que celle de la rose, qu'on peut toujours enlever ou éviter avec un peu d'adresse, cette cuirasse de la bourrache la protège si universellement qu'on ne sait absolument par où la toucher. Ses grosses tiges blanchâtres et ses feuilles assez communes n'ont rien de remarquable ; mais il n'en est pas de même de la fleur, qui, outre sa forme particulièrement élégante, est revêtue d'une admirable couleur d'azur, auprès de laquelle pâlit le myosotis lui-même. Et remarquez comme la nature s'est montrée délicate à l'égard de cette jolie fleur ; elle a atténué la couleur de son feuillage, et par la quantité de poils qui le recouvrent l'a rendu presque blanc, comme pour éviter à cette charmante corolle la disparate du vert et du bleu, qui ont tant de peine à s'harmoniser ensemble.

Un large et brillant papillon vient se poser un instant sur cette tige flexible de graminée, qui plie sous un tel fardeau. Ses ailes jaunes sont marquées de bizarres taches noires, on dirait de sombres flammes balayées par le vent ; cette disposition lui a fait donner le nom de *flambé*. C'est un des plus grands et des plus beaux papillons de nos pays ; ses ailes inférieures sont ornées de lunules bleues et d'un œil jaune orangé à demi encadré de bleu ; elles sont terminées par deux longues pointes du plus joli effet, mais très fragiles, et qui le plus souvent se brisent entre les mains de ceux qui le poursuivent. D'ailleurs il est facile à prendre ; son vol n'est pas très rapide, il est assez régulier, et ses grandes ailes battent l'air avec une sorte de gravité qui n'est pas ordinaire aux papillons, ces êtres folâtres si pressés de jouir de leur brillante mais rapide existence. Ne le dérangez pas, il se repose sur cette herbe des fatigues d'une journée bien remplie, et peut-être réfléchit-il, dans sa tête de papillon, aux moyens d'assurer l'avenir des petits êtres qu'il doit produire, et qui, après avoir été comme lui-même chenilles rampantes, puis chrysalides immobiles, deviendront à leur tour de brillants papillons, et feront miroiter leurs grandes ailes d'or et d'ébène aux brûlants soleils de juillet et d'août.

CHAPITRE VIII

Les insectes ont paru, et leurs cohortes innombrables ont tout envahi, l'air, la terre, l'eau, les fleurs. Tout en est rempli, et ce n'est pas le moindre charme de ce mois charmant entre tous.

Les insectes! c'est par myriades de myriades que Dieu les a semés sur la terre; chaque plante en nourrit, dit-on, au moins trois espèces, et Celui-là seul peut les compter, qui compte les étoiles du ciel et les grains de poussière des rivages de l'Océan.

Avant de nous lancer à leur poursuite, disons un mot des insectes en général. Je ne vous en parlerai pas longuement, car je sais que la théorie ne vaut pas la pratique, et qu'aucune explication ne saurait remplacer la démonstration; aussi, lorsque nous aurons gagné au tournant de la route ce vaste champ où fleurissent en abondance les trèfles, les sainfoins et les luzernes, je laisserai à la nature, bien plus habile que moi, le soin d'achever ce que je n'aurai fait qu'ébaucher.

Les *insectes* appartiennent à la classe des *annelés* ou articulés, l'une des quatre qui se partagent le règne animal. Ils ont pour caractères distinctifs un corps divisé en trois parties, tête, thorax, abdomen; deux antennes à la tête, trois paires de pattes, et souvent une ou deux paires d'ailes au thorax, l'abdomen absolument dépourvu de pattes. Leur corps est revêtu d'un épiderme corné, formé en grande partie d'une substance particulière qu'on appelle chitine, et que chaque mue dépose de plus en plus abondante dans les téguments. La tête est composée de deux anneaux intimement unis; elle porte deux gros yeux, formés de la réunion d'une multitude innombrable de facettes. On peut dire multitude, mais non pas innombrable, car il s'est trouvé quelqu'un qui a eu la patience de les compter. Certaines espèces, les mieux montées, ont jusqu'à vingt-cinq mille quatre-vingt huit facettes; la libellule en a douze mille cinq cent quarante-quatre, le papillon dix-sept mille trois cent cinquante-cinq, la mouche quatre mille; la fourmi n'en possède que cinquante; le hanneton en a huit mille huit cent vingt. Je vous laisse à penser de quelle formidable dose d'étourderie il faut qu'il soit affligé, pour trouver moyen de se heurter à tous les obstacles sans les voir avec quelqu'un de ses huit mille huit cent vingt yeux. Ces chiffres sont incroyables; cependant ils sont vrais, et leur découverte n'est pas, je pense, la moindre merveille du microscope. Je trouve aussi qu'une fois en passant il est bon de rendre justice à ces pauvres savants, qui se sont évertués à cette prodigieuse addition. Toutefois ils ont reculé devant le nombre incalculable de facettes que contient l'œil d'un scarabée, et le microscope lui-même y a perdu son latin; on pourrait plutôt dire son grec, car vous savez que ce mot est formé de deux mots grecs : *micros,* petit, et *scopein,* découvrir.

Tous les insectes ne sont pas munis de ces yeux composés; il y en a quelques-uns qui ont des yeux lisses, qu'on appelle ocelles ou stemmates; d'autres ont tout à la fois les yeux composés et les ocelles, qui alors se placent entre les deux autres. On a remarqué que les insectes qui possèdent ces deux genres d'yeux sont, en général, ceux qui se nourrissent du pollen des fleurs, et l'on en a conclu, par induction, que les stemmates doivent leur servir à distinguer les parties les plus délicates de la fleur. Ce sont peut-être leurs microscopes, à eux; qui sait?

Outre les yeux, la tête des insectes porte encore les antennes, appendices mobiles, très variables selon les espèces, et que l'on suppose être pour eux l'organe du toucher, ou de l'odorat, peut-être même celui de l'ouïe. Car dans ce monde merveilleux où Dieu semble avoir mesuré la grandeur de sa puissance à la petitesse des sujets, il y a encore une foule de points obscurs que chaque jour illumine, mais dont beaucoup sans doute resteront éternellement d'impénétrables mystères pour la raison humaine.

La bouche des insectes se compose essentiellement de deux paires de mâchoires, mandibules et mâchoires proprement dites, qui portent près de leur base les palpes ou filaments articulés qui sont peut-être l'organe du goût. Leur nourriture étant très variée, la forme de la bouche varie dans chaque espèce ; toutefois on peut la rattacher à deux types généraux, la bouche des suceurs et celle des broyeurs. On peut s'en rapporter à la Providence, pour les soins minutieux avec lesquels elle a donné à chacun l'outillage nécessaire à la condition pour laquelle il a été créé, et le plus infime des êtres ne peut se plaindre d'avoir été oublié.

Le thorax est composé de trois parties, dont chacune sert de point d'attache à quelqu'un des organes de locomotion. La partie antérieure, qui s'appelle prothorax, porte une paire de pattes, et n'a jamais d'ailes ; la seconde partie, ou mésothorax, porte la seconde paire de pattes et une paire d'ailes ; enfin la troisième partie, ou métathorax, porte la troisième paire de pattes, et la seconde paire d'ailes chez les tétraptères ou animaux à quatre ailes. Les ailes sont formées par le prolongement de la peau, qui se dessèche, et que soutiennent des nervures, très visibles dans certaines espèces, comme la libellule, par exemple. La plupart des insectes et tous les oiseaux sont seuls munis de cet appendice locomoteur. L'homme l'a vainement rêvé, et tous les jours il gémit d'en être privé ; cependant il a reçu du ciel les ailes du souvenir, qui le transportent au gré de sa volonté vers les lieux où sont les êtres qu'il aime, et les ailes de la prière, qui l'élèvent plus haut que ne monta jamais aucune aile : jusqu'à Dieu.

Selon que les insectes sont dépourvus d'ailes, qu'ils en ont une paire ou deux, on les appelle aptères, diptères, tétraptères. Chez beaucoup de ces derniers, les ailes supérieures sont impropres au vol, et ne sont que des sortes d'étuis destinés à protéger et à renfermer les ailes véritables.

L'abdomen est la partie du corps où se remarquent le

plus facilement les anneaux qui ont fait ranger les insectes parmi les annelés ; on en compte de six à neuf, et sur chacun de ceux qui ont acquis tout leur développement on rencontre une paire de stigmates ou orifices propres à la respiration. L'air s'introduit par ces ouvertures dans les vaisseaux aérifères ou trachées, qui se multiplient tellement qu'un naturaliste en a compté jusqu'à quinze cent soixante-douze dans une chenille.

Quant à leurs métamorphoses, vous savez que tout insecte, avant d'arriver à l'état parfait, passe successivement par l'état de larve et celui de chrysalide ou nymphe, sous lesquels il est le plus souvent si différent de ce qu'il doit être plus tard, que l'expérience seule a pu faire reconnaître dans ces trois individus si dissemblables un seul et même être. Qui aurait deviné, en effet, que cette horrible bête rampante, velue, et que l'on est d'instinct porté à détruire, non seulement pour ses ravages, mais bien plus encore en raison de l'horreur qu'elle inspire, deviendrait, après des semaines ou des mois d'une mort apparente, ce brillant papillon aux ailes de soie et de velours, qui s'en va par les airs, butinant sur les fleurs le suc embaumé dont il fait sa nourriture ?

Et l'instinct des insectes ! Je ne sais rien au monde de plus admirable, et je m'étonne que tout être raisonnable, en voyant le plus petit entre tous ces petits, ne tombe pas à deux genoux devant la toute-puissance de Dieu, mille fois plus grande, il me semble, et mille fois plus charmante, mille fois plus adorable dans l'infinie petitesse de ces humbles créatures, que dans la multiplicité des mondes célestes ou dans l'immensité des océans.

Mais voici que nous avons gagné ce champ de luzerne vers lequel nous dirigions notre promenade ; entrons et regardons ; des milliers d'insectes vont se presser sous nos pas. Toutefois, avant de parler des habitants, parlons un peu de leur habitation ; cette habitation est une fleur, et, comme telle, elle a droit à notre étude.

Le *trèfle,* le *sainfoin* et la *luzerne* sont des plantes de la même famille, et elles vivent les unes auprès des autres en très bonne intelligence, ce qui est devenu rare de nos jours, dans un monde que l'on est convenu d'appeler supérieur. Elles appartiennent toutes les trois à cette charmante famille des *papi-*

lionacées dont nous avons rencontré déjà de si jolis spécimens, et dans laquelle on trouve réunies toutes les qualités désirables. Je ne vous dirai pas que la luzerne soit une bien jolie plante; car, en réalité, elle est assez insignifiante comme fleur. Mais qu'est-ce que la beauté? Sans doute, comme don de Dieu, comme reflet de lui-même, la beauté n'est point chose à dédaigner. Un joli visage plaît à tout le monde, et repose l'esprit autant que la vue des innombrables laideurs de tout genre contre lesquelles on se heurte à chaque instant; une jolie fleur séduit et charme tous ceux qui la rencontrent; mais pour les plantes et pour les hommes il y a mieux que la beauté, il y a cet autre don de Dieu que chez l'homme on appelle la bonté, chez les plantes l'utilité.

Et si la luzerne est une fleur sans éclat, c'est une plante extrêmement utile comme fourrage et dont la France cultive des quantités considérables. Sans les plantes fourragères, point de bestiaux dans les étables, et sans le bœuf qui laboure nos sillons, point d'épis mûrs au soleil d'août, point de blanche farine pour faire le pain, dont l'homme se nourrit.

Dites-moi, maintenant, la luzerne a-t-elle besoin d'être belle?

Cette plante est vivace, et peut durer une douzaine d'années; de plus, comme elle croît très rapidement, on peut en faire quatre coupes par an; enfin, pour que rien en elle ne soit inutile, ses feuilles mortes, en tombant sur la terre, lui fournissent un excellent engrais. Vraiment on doit une sorte de reconnaissance à cette plante, qui nous donne tant de choses utiles, et j'ai envie de faire cause commune avec l'agriculteur, pour maudire les ennemis qui nous la disputent. Ennemis! on devrait plutôt dire adversaires, car ce nom d'ennemis ne convient véritablement qu'aux individus qui font le mal pour le seul plaisir de le faire, et sans que cette rivalité soit une condition indispensable de leur propre existence. Tel insecte qui s'attache à telle ou telle fleur, ne pourrait pas vivre sur une autre, et la mère prévoyante qui se rappelle, ou plutôt qui sait d'instinct de quelle plante elle-même fut nourrie sous son premier état, n'en cherchera point d'autre pour y déposer l'œuf qui doit propager son espèce.

On dit que les loups ne se mangent point entre eux; il

faut en conclure qu'ils ont le sentiment de la fraternité infiniment plus développé qu'une foule d'autres individus ; car, sans compter les hommes, qui semblent faire trop souvent leurs plus chères délices de cette louable occupation, il y a certains animaux, et des plantes même, qui s'entre-dévorent. Ce sont les épis de blé du rêve de Pharaon. Ainsi la luzerne, en attendant que les bestiaux se nourrissent de ce que les insectes

Cuscute.

auront bien voulu leur en laisser, est, sinon dévorée, mais sou·vent étouffée, par une petite plante qui, au premier abord, semble bien inoffensive, mais n'en est pas moins redoutable. Arrachez-la, elle n'est bonne à rien ; et plus encore que le figuier de l'Évangile, qui se contentait de ne point porter de fruits, elle mérite d'être coupée et jetée au feu.

Son nom scientifique est *cuscute,* auquel les cultivateurs ont ajouté, dans leur colère, ceux de teigne, perruque, cheveux du diable, et autres. Elle est pourtant d'une bonne famille, cette malheureuse cuscute ; elle appartient aux *convolvulacées*[1],

____
[1] Du latin *convolvere,* entourer.

comme le liseron, cette gracieuse clochette qui s'ouvre au grand soleil de juin jusque sur le sable de nos grandes routes.

Mais la famille ne fait pas toujours aux qualités du cœur; les plus illustres ont eu leur Judas, et les plus humbles ont eu leurs auréoles. Aussi, pour les plantes comme pour les hommes, les fautes sont personnelles, et il n'y a que dans notre monde, à nous, qui nous croyons sages, qu'on a trouvé bon d'imputer aux fils les crimes du père, aux frères ceux des frères.

Si vous soulevez quelques feuilles de luzerne ou de trèfle, vous y trouverez sans peine des vers noirs, luisants, munis de six pattes, et longs de quelques millimètres; ce sont les larves d'un coléoptère nommé *eumolpe*, qui éclora au mois de juillet, et continuera jusqu'à l'hiver les dégâts commencés par sa larve. Toutefois cette larve destructive a aussi des destructeurs; voyez-vous s'avancer sournoisement vers elle un ver trois ou quatre fois plus long qu'elle-même, noir et luisant comme la proie qu'il vient chercher, et qui va bientôt être dévorée? Mangeur mangé, c'est la peine du talion. Ce ver qui se charge de l'exécuter sur la larve de l'eumolpe est la larve du *calosome* sycophante, un joli coléoptère que nous retrouverons peut-être sur le chêne, où il exerce pour les chenilles processionnaires ce même rôle de justicier que sa larve accomplit au bénéfice des plantes fourragères. C'est un vrai garde champêtre. Il a bien à faire, car les braconniers sont nombreux.

Manger! voilà la grande affaire pour tous ces êtres qui, le plus souvent, ne vivent et ne peuvent vivre qu'aux dépens les uns des autres. Hélas! cette fonction essentiellement animale se retrouve, et plus impérieuse encore, chez l'homme, cet être supérieur qui, par tant de côtés, se rapproche de la bête, et souvent s'abaisse plus bas encore quand, oublieux du principe divin qui est en lui, il ne songe qu'à satisfaire ses grossiers instincts. Manger! c'est une des conditions indispensables de toute existence, et, pour y pourvoir, l'homme, qui se plaint de ce qu'un insecte lui dérobe quelques feuilles ou quelques fleurs pour sa subsistance, l'homme se nourrit non seulement des racines, des tiges, des feuilles, des fleurs, des fruits de presque toutes les espèces de plantes; mais de plus il égorge impitoyablement de pauvres êtres qui comme lui respiraient, marchaient, parlaient ou chantaient à leur manière, aimaient comme lui, souvent mieux que lui. Il enlève à leurs mères les pauvres petits agneaux qui tout à l'heure bondissaient joyeux dans la prairie ; il expose son semblable aux mille horreurs d'une mort prématurée, pour disputer aux vagues des plus lointains océans les mets recherchés qui doivent orner sa table ou flatter son goût énervé ; il lance dans les airs le plomb meurtrier qui arrête au milieu de sa course rapide l'oiseau qui portait vers son nid bruyant une graine laborieusement conquise. Et c'est ainsi que l'homme exerce sa puissance sur ce monde inférieur, dont il a été fait le roi, sans se rappeler cette parole qui, à elle seule, pourrait le distinguer de l'animal, auquel il ressemble par tant de points : « L'homme ne vit pas seulement de pain, mais de toute parole qui sort de la bouche de Dieu. »

Les coléoptères ne sont pas les seuls insectes qui s'attaquent aux plantes fourragères ; plusieurs lépidoptères les fréquentent à l'état de chenilles, et lorsque ces chenilles seront devenues papillons, elles n'oublieront pas que c'est là que leurs œufs devront être déposés. Les papillons qui naissent de ces larves sont pour la plupart d'assez petite taille et peu remarquables : ainsi cette larve d'un gris bleuâtre produira la phalène à deux points ; cette autre d'un blanc verdâtre, la phalène ponctuée.

Toutefois il n'y a pas que ces humbles nocturnes qui fréquentent les luzernes. Ce beau papillon qui plane là-bas n'y est point attiré par la nécessité de déposer ses œufs sur une plante nourricière, car sa chenille à lui vit sur la carotte, le fenouil et d'autres ombellifères, où nous aurons peut-être l'occasion de la rencontrer ; c'est donc pour son bon plaisir seulement que le *machaon* vient voltiger sur ce champ de trèfle et de luzerne. Il appartient à la famille des *papillonides*, ou papillons proprement dits ; comme forme, il ressemble un peu au flambé ; mais il a les quatre ailes dentelées, tandis que le flambé a les ailes supérieures lisses et encore plus gracieusement découpées. Ses ailes sont jaunes, avec des taches et des raies noires ; les inférieures se prolongent en une espèce de queue, qui lui fait donner le nom de grand porte-queue ; elles sont encadrées d'une large bordure noire, marquée de six taches jaunes en forme de croissant, qui aboutit à un grand œil rouge bordé de bleu.

Presque tous les ordres d'insectes ont des représentants dans ce champ de fourrages ; c'est comme une grande assemblée dans

Sauterelle de passage.

laquelle chaque province veut avoir son député. Le pauvre champ s'en serait bien passé. Les *hémiptères* ont envoyé le *cercopis* épineux, que le public, vous savez, ce public de la rue qui rit de tout, et qui a quelquefois de l'esprit quand il ne fait que rire et qu'il ne mord pas, a désigné sous le nom caractéristique de crachat de grenouille, écume printanière, en raison de la liqueur écumeuse dans laquêlle sa larve s'enveloppe. Les *diptères* ont envoyé, spécialement au département des luzernes, l'*agromyze* pied noir, dont la larve est très nuisible. Enfin les *orthoptères* [1] se sont fait représenter par la *sauterelle* verte, que la Fontaine a illustrée dans cette

[1] Du grec *orthos*, droit; *pteron*, aile.

fable si fine et si originale où il lui donne très improprement
le nom de cigale. Le grand fabuliste aimait beaucoup les animaux, mais il les connaissait fort peu, et c'est encore bien à tort
qu'il parle du chant de la cigale. L'insecte qu'il appelle de ce
nom est, comme tous les autres, complètement privé de voix,
et le bruit qu'il fait entendre provient du frottement de ses
élytres l'une contre l'autre.

Quand on songe à la quantité d'espèces qui attaquent les
plantes fourragères, et à la prodigieuse multiplicité de tous
ces ennemis, on est presque tenté de se demander si le cultivateur trouvera encore quelque chose à ramasser quand tout
ce monde-là aura fait sa récolte préalable. Et vraiment on pourrait craindre qu'il n'eût semé pour le seul bonheur des mois-
sonneurs qui l'ont précédé, si la nature n'avait mis le remède
à côté du mal. En effet, sans compter le garde champêtre dont
nous parlions tout à l'heure, bien d'autres se chargent de l'ai-
der dans le soin qu'il prend de nos propriétés. Faut-il leur en
savoir gré ? Non, car s'ils détruisent ceux que nous appelons
les insectes nuisibles, c'est tout simplement parce que telle
ou telle larve leur semble un mets succulent. Les intérêts des
uns nous sont opposés, les autres nous sont favorables : voilà
toute la question.

Demandez à cette jolie petite bête verte qui vole là-bas en
décrivant des zigzags perpétuels. Attendez un moment, elle va
se reposer bientôt, car son vol n'est pas de longue durée.
Placez-vous entre elle et le soleil, de manière que votre ombre
se projette sur elle, cela ralentira un peu sa belle ardeur ; elle
essayera bien de vous pincer avec ses mandibules, qui sont
fort aiguës, mais on peut facilement éviter cette agression,
d'ailleurs peu dangereuse. Ce petit *coléoptère* [1] porte le nom de
cicindèle ; ses élytres sont d'un beau vert tacheté de quelques
points blancs. Elle est comptée au nombre des insectes carnassiers, et ce n'est pas sans raison, car elle est d'une voracité
remarquable. Ne nous en plaignons pas toutefois, car c'est en
raison de cet appétit relativement formidable qu'elle débarrasse
nos champs d'une foule de larves nuisibles.

---

[1] Du grec *koleos*, étui ; *pteron*, aile.

La *cicindèle* est munie de longues pattes, qui lui permettent de marcher très vite ; de sorte que, volant ou marchant à la recherche de sa proie, elle est presque toujours sûre du succès. Et, pour le dire en passant, remarquez que les méchants sont, ou du moins paraissent toujours mieux armés que les bons. Ce n'est pas que ceux-ci soient en réalité plus dépourvus que les premiers, seulement ils trouvent toujours quelque bonne raison pour mettre leurs armes dans leur poche juste au moment où il aurait fallu s'en servir ; si bien que le triomphe des méchants est fait pour les trois quarts de la lâcheté des bons. N'ayez jamais, mais chers petites, cette bonté passive, qui se rend, en vérité, complice de tout ce qui se fait de mauvais au monde. Soyez fortes, soyez courageuses ; défendez le bien partout où vous croirez l'avoir rencontré, dût-il vous en coûter beaucoup et beaucoup de peine ; dussiez-vous même, ce qui serait plus triste encore, avoir à reconnaître un jour que ce bien que vous croyiez avoir trouvé sur votre route n'était que le mal habilement ou fatalement déguisé. Soyez courageuses ! Le courage n'est pas seulement sur le champ de bataille, et s'il en faut pour affronter la mort, il en faut bien plus encore pour regarder la vie en face. Soyez courageuses ! le soldat donne son sang, la femme donne ses pleurs. Soyez courageuses ! notre société s'écroule sous le poids de ses désordres, contre lesquels aucune force ne réagit ; les institutions succombent au milieu du chaos, sans qu'une main ferme se présente pour les soutenir. Jamais, en vérité, on n'a vu tant de faiblesses, tant de défaillances, tant de lâchetés. Soyez courageuses, tout en restant bonnes. Soyez courageuses... Une femme a sauvé le monde ; c'est la femme encore qui doit le sauver en le régénérant. Et si ce courage vous est difficile, si pour soutenir le noble rôle que vous aurez entrepris, pour accomplir glorieusement votre mission, il vous faut braver les railleries, supporter les persécutions et sentir votre cœur brisé par l'orage, oh ! alors plus que jamais soyez courageuses, et souvenez-vous qu'au moment où se consommait la rédemption du monde, la Vierge était debout !...

Où nous a entraînées cette cicindèle ? Où va-t-elle elle-même tandis que nous songeons à tout autre chose qu'à la suivre ?

Elle n'a pas perdu son temps, croyez-le bien. Du haut de l'air où elle volait tout à l'heure, elle a aperçu avec ses yeux de scarabée, vous savez, ces yeux à facettes innombrables pour ceux même qui ont compté les facettes d'une libellule, un de ces petits eumolpes dont nous parlions tout à l'heure. La voilà à l'œuvre; avec ses mandibules qui lui·servent comme de tenailles, elle arrache les ailes du malheureux insecte, puis les pattes, et elle va bientôt l'avoir dévoré. Si nous arrêtions au premier acte cette scène de carnage, si nous ensevelissions dans un même tombeau et le bourreau et la victime ! A quoi bon ? la cicindèle a fait son métier, elle a dîné, comme nous le ferons tout à l'heure, avec cette différence que nous, nous allons détruire pour notre subsistance des êtres inoffensifs.

Ce n'est pas seulement à l'état parfait que la cicindèle est carnassière, à l'état de larve elle ne l'est pas moins; seulement dans cette première période elle remplace par la ruse la force qu'elle·acquiert dans sa dernière transformation. Son corps mou et supporté par des pattes très courtes ne peut se mouvoir à la recherche de sa proie, et cependant il faut bien vivre. « Nécessité d'industrie est la mère. » La petite larve n'a pas appris les fables de la Fontaine, pas plus que les proverbes qui ont cours chez les hommes ; mais son merveilleux instinct lui tient lieu de ce lourd bagage d'expérience que nous autres nous employons toute notre vie à acquérir, et elle se creuse avec une admirable habileté un trou qu'elle ferme avec sa tête ou son corselet ; puis elle attend que quelque insecte vienne à passer ; alors la trappe mobile s'abaisse, et je vous laisse à penser les orgies qui s'accomplissent dans les entrailles de la terre. C'est un piège ; mais que voulez-vous ! il faut absolument manger. Et d'ailleurs, n'y a-t-il que la cicindèle qui procède de cette manière ? L'homme n'en fait-il pas tout autant, non seulement pour les animaux, mais pour son semblable ? Il est vrai que ce n'est pas pour le manger, puisque cela n'est pas dans les usages de nos pays ; seulement il y a bien des manières de dévorer ce que l'on ne mange pas.

Mais voici le soleil qui descend à l'horizon, le ciel se colore de ces nuances légèrement violacées qui rappellent la nuance particulière et si jolie de la pervenche ; les oiseaux, inquiets et comme affairés, se querellent dans les arbres, où la nature leur a dressé de splendides tentures ; les insectes diurnes se cachent sous les feuilles, dans les fleurs, dans les profondeurs de la mousse et dans les trous de la pierre, laissant le champ libre à leurs frères, les crépusculaires et les nocturnes ; les plantes elles-mêmes vont s'endormir, car le repos est, comme la nourriture, une des conditions indispensables de toute existence, et il est dit dans les chants du Psalmiste que « Dieu envoie le sommeil à ceux qu'il aime ».

Les plantes dorment donc ; mais ce sommeil n'est apparent que dans quelques espèces, et justement en voici à nos pieds deux chez lesquelles ce mouvement de chaque soir est très sensible.

Voyez ce trèfle incarnat ; chacune des trois folioles qui composent ses feuilles se relève par le sommet, et leur réunion va former tout à l'heure comme une sorte de berceau destiné à abriter la fleur.

Cette autre plante qui grandit au milieu du sainfoin, auquel elle ressemble beaucoup, le sainfoin d'Espagne, relève chacune des folioles de ses feuilles pennées, et les applique les unes sur les autres par leur face supérieure.

Dormez, dormez en paix, petits oiseaux, humbles insectes, feuilles brillantes ou veloutées ; dormez, car vous avez rempli aujourd'hui la mission que le Créateur vous avait départie, et le sommeil est la première récompense du devoir laborieusement accompli ; dormez, car les méchants seuls ne dorment pas ; dormez, car le ciel veille sur vous ; il déploie au-dessus de vos têtes son dais d'azur constellé de points d'or, et il prépare à chacun de vous, au réveil, le grain de mil, le brin d'herbe ou la goutte de rosée, et pour tous les splendides rayons de ce beau soleil qui ce soir vous dit adieu, et lui aussi va dormir.

CHAPITRE IX

Le beau mois de mai va finir, et avec lui beaucoup de ces
fleurs que nous avons admirées vont reprendre pour de longs
mois ce profond sommeil dont les réveilleront seuls les premiers
souffles du printemps prochain. L'aubépine a fermé la dernière de ses corolles ; les stellaires ont disparu de toutes les
haies qu'elles constellaient il y a quelques jours encore ; les
genêts ont jeté par toutes les routes leurs fleurs dorées où se
plaisaient les papillons couleur d'azur, et le muguet se fait rare
dans les vallées où il abrite sa silencieuse méditation.

Adieu, mois charmant, adieu ; car qui de nous sait s'il peut
dire au revoir ? Toi tu reviendras, tu ramèneras à la terre sa
beauté, sa jeunesse, cette grâce infinie que nous avons con-
templée cette année ; mais combien de fois la mort aura-t-elle
frappé parmi ceux à qui tu as souri, et ces fleurs qui renaî-
tront à ton appel ne fleuriront-elles pas sur des tombes bien
chères ! Qui sait si nous-mêmes nous n'aurons pas rendu à la
terre cette fragile dépouille que Dieu nous a prêtée pour quelques jours ! O mois de mai, mois béni, adieu...

Avril nous avait donné les fleurs jaunes ; mai, les fleurs
blanches ; le mois de juin nous offre une abondante et joyeuse
réunion de toutes les couleurs. Voyez cette prairie qui longe
la rivière, et dites-moi quel peintre pourrait se vanter de réunir sur sa palette une si prodigieuse quantité des tons les
plus divers.

Voyez cette prairie qui longe la rivière.

Les graminées, dont l'immense famille peuple les prés de ses milliers d'espèces, forment comme le fond de ce merveilleux tableau, où l'artiste par excellence, le soleil, jette comme au hasard les brillantes couleurs de son pinceau. La pourpre du coquelicot coudoie le vêtement virginal de la pàquerette; le trèfle incarnat, moins éclatant, mais plus velouté, semble lui disputer le prix, tandis que la nielle, gracieuse et élancée, balance entre les épis verts sa corolle délicate de forme et finement nuancée d'un violet presque rose. La scabieuse, plus pâle que la nielle, étale complaisamment ses larges capitules où s'égarent les insectes; le bouton d'or étend vers le ciel sa coupe avide d'une goutte de rosée, près de la jacobée, qui semble rire de lui en voyant le ciel sans nuage. Le bluet élégant, fier de sa livrée, la compare avec l'azur, qui pâlit devant lui; sur le bord du ruisseau, l'iris sauvage laisse retomber ses pétales, qui semblent languir; enfin, à la surface de l'eau, au milieu de ses larges feuilles flottantes, le nuphar ouvre sa coupe de cuivre auprès de la coupe d'argent du nénuphar.

Toutes les couleurs sont représentées dans les plantes; elles ne le sont pas moins dans les insectes. Les azurins, comme des myosotis ailés, voltigent innombrables au-dessus des trèfles en fleur; les blanches piérides se croisent avec les bruns satyres; les diptères aux ailes transparentes bourdonnent affairés autour de toutes les plantes; les coléoptères aux couleurs d'ébène, aux reflets métalliques, bruissent craintivement sous les feuilles en attendant l'heure du soir, qui ouvre leurs ailes; et les libellules par myriades traversent les airs, comme des flèches de toutes couleurs. C'est une fête universelle; c'est comme un immense débordement de vie et de bonheur. Prenons garde de les fouler aux pieds, ces humbles bonheurs qui n'ont pour théâtre que le calice d'une fleur, pour durée qu'un instant. Contemplons-les sans les détruire pour satisfaire un vain caprice; et s'il nous faut enlever la vie à quelques-uns de ces êtres, si heureux de vivre pourtant, faisons-le comme l'abeille qui dérobe le pollen des fleurs pour en faire son miel, et non pour le gaspiller au hasard dans de vaines courses à travers l'espace. Butinons comme elle; mais souvenons-nous que Dieu a créé les fleurs, les papillons et toutes les beautés de la nature pour nous faire songer à lui.

Les graminées[1] forment la partie essentielle de nos prairies. Humbles d'aspect, dépourvues de brillantes couleurs, elles ont reçu le nom vulgaire d'herbes. C'est le peuple dans la société végétale, non le peuple grossier, paresseux, insolent, jaloux de tout ce qui lui est supérieur; mais le peuple honnête, laborieux, qui ne demande qu'un rayon de soleil, un peu de rosée et quelques pouces de terrain pour y vivre sans haine et sans ambition, satisfait de son sort et n'enviant point aux autres cette livrée d'or et de pourpre plus brillante, mais souvent bien dangereuse. L'humble graminée grandit en paix, et ses épis mûris par le soleil portent leurs fruits, tandis que souvent le coquelicot voit tomber son diadème sous la main meurtrière des promeneurs ou des enfants.

La famille des graminées est, avec celle des composées, une des plus nombreuses du règne végétal, et des plus répandues dans toutes les parties du globe. Ses différentes espèces, immenses dans la brûlante région des tropiques, sont pour la plupart de petite taille dans nos climats tempérés. Leurs caractères généraux sont tellement naturels qu'une graminée se reconnaît au premier coup d'œil, même pour les moins exercés; mais en revanche les caractères spécifiques sont tellement minutieux qu'il est très difficile de distinguer à quelle tribu appartient telle ou telle graminée. Cette étude a, sans nul doute, un grand attrait pour les botanistes, par cela même qu'elle est hérissée de difficultés; pour nous, qui faisons de la botanique autre chose qu'une froide et scientifique anatomie, nous chercherons seulement à connaître quelques-uns des grands traits de cette famille intéressante, de cette famille à laquelle nous devons le pain, notre aliment le plus utile, le seul indispensable; nous essayerons de distinguer quelques espèces qui, pour une cause ou une autre, nous sembleront dignes d'un intérêt spécial, et pour les autres nous laisserons aux herboristes de profession le plaisir de les disséquer, et au soleil du bon Dieu le soin de les mûrir.

Les graminées ont une tige d'une structure assez particu-

[1] Du latin *gramen*, gazon.

lière pour qu'on lui ait donné un nom spécial : on l'appelle chaume; cette tige, creuse et cylindrique, présente d'espace en espace des nœuds ou renflements solides, sur lesquels s'attache le pétiole, qui forme une sorte de gaine au chaume avant de s'épanouir en une feuille étroite, lancéolée, marquée de nervures parallèles, et semblable à un ruban. Les fleurs n'ont ni éclat ni parfum, rien en elles n'attire le regard, et je ne suppose pas qu'elles s'en trouvent plus mal; en ce moment elles sont presque toutes fleuries, et cette poussière jaune qui s'élève comme un nuage sous nos pas n'est autre que le pollen de leurs étamines. Dans quelques semaines, les plantes seront mûres; à la fleur succédera un fruit qui a reçu le nom spécial de caryopse; et lorsque ce fruit sera tombé de lui-même sur la terre où il doit germer, l'homme passera dans ces prairies si vertes aujourd'hui. Il coupera sans pitié avec les simples herbes les fleurs qui auront grandi parmi elles, et pendant quelques jours les foins coupés répandront dans l'air cette odeur pénétrante, tout empreinte d'une poésie champêtre qui fait penser aux doux chants de Virgile, et qui n'est pas sans mélancolie, car elle est comme le dernier soupir de toutes ces pauvres fleurs.

La famille des graminées est représentée dans les prairies naturelles par une quinzaine d'espèces. La plus jolie de toutes, et en même temps une des meilleures comme fourrage, est cette petite herbe que vous voyez se balancer au bord du ruisseau; elle est facile à distinguer entre toutes les autres. A l'extrémité de pédicelles ramifiés et de plus en plus fins, se balance un épillet en forme de cœur, dont les fleurs sont imbriquées les unes sur les autres. La finesse extrême des supports et le poids relativement considérable des petits épis donnent à cette fleur une mobilité extrême. Voyez plutôt : toutes les autres sont tranquilles, l'air est si calme que pas une feuille ne s'agite dans la campagne, et cependant elle tremble au milieu de cette paix universelle. Ce n'est pas le vent qui la fait ainsi balancer, c'est qu'en passant une folâtre libellule l'a effleurée de son aile de gaze, et l'insecte est loin déjà que la fleur tremble encore. Ainsi bien souvent celui qui passe oublie celui qui reste, et qui ne peut oublier.

Cette petite graminée appartient à la tribu des *festucacées* et au genre *brize,* dont elle est le type. Elle a reçu bien des noms vulgaires : son épillet en forme de cœur lui a fait donner le surnom d'amourette ; on l'appelle, je ne sais pour quelle raison, pain de lièvre, pain d'oiseau ; enfin sa mobilité extrême l'a fait désigner sous le nom de gramen tremblant, ou langue de femme. Cette dernière dénomination, sortie évidemment du cerveau de quelque savant en mauvaise humeur, a été appliquée comme une sorte d'injure à la fleur qui nous occupe. Je ne sais si la femme fait beaucoup plus usage que l'homme de cet organe, si justement considéré par un sage de l'antiquité comme ce qu'il y a de plus mauvais et de meilleur au monde ; mais je sais que, sous certains rapports, on pourrait dire avec un autre sage plus moderne que le vieil Ésope : « Je sais bien des hommes qui sont femmes en ceci. » La femme, je le crois volontiers, parle plus que l'homme ; sa nature expansive a besoin de communiquer ce qui est en elle, et comme tout n'est pas toujours absolument bon, je reconnais que souvent elle ferait mieux de se taire ; mais s'il lui arrive de mettre sa parole au service de choses inutiles et quelquefois même mauvaises, elle seule, en revanche, possède cette douce voix qui sait consoler de toutes les douleurs, guérir toutes les blessures, et qui, fidèle interprète d'un cœur loyal et généreux, peut parler sans arrière-pensée le céleste langage de l'amour pur et désintéressé.

Ainsi donc, *brize* légère, honorée du surnom de *langue de femme,* balance à tous les souffles du vent tes fleurettes délicates ; ce vent qui te caresse en passant est un ami : un ami volage, c'est vrai ; mais si tu es quelque peu femme, tu dois savoir aimer les absents, et pardonner même aux ingrats.

A côté de la brize, et presque aussi légères qu'elle, se balance l'agrostis *jouet du vent,* et plusieurs autres variétés de cette même espèce. La flouve odorante, plus précoce que les autres, et dont les longues étamines dépassent leurs glumes ; la fléole, à laquelle la disposition particulière de sa panicule a fait donner le nom vulgaire de queue de rat ; le vulpin, qui lui ressemble quant à la disposition de l'épi ; les différentes variétés de brômes, dont chaque épillet affecte la forme de l'épi de blé ; les pâturins ou *poa*, aux panicules disposées comme celles de l'amourette ; les variétés de fétuque et de fromental ; toutes ces différentes espèces de graminées, et plusieurs autres encore, composent les prairies naturelles de nos pays, ces prairies qui sont la fortune de certaines provinces, et qui fournissent la nourriture des animaux domestiques, auxquels l'homme doit tant de services journaliers.

Le bouton d'or, qui croît au milieu des graminées, dont il semble partout rechercher la société, est une plante de la famille des *renonculacées*, et son nom véritable est renoncule âcre, qu'il pourrait d'ailleurs partager avec beaucoup de ses congénères, puisque toutes ces plantes, ou à peu près, renferment des sucs âcres, caustiques et vénéneux. Une variété, que nous trouverons sans peine au bord de l'eau, a reçu le nom de renoncule scélérate. Mais remarquez encore une fois les infinies délicatesses de la nature : elle a caché ces sucs vénéneux dans les racines de la plante, et les animaux qui se nourriront de son feuillage et de ses fleurs n'auront rien à en redouter.

La famille des renonculacées est considérée comme une des plus élevées en organisation parmi les plantes dicotylédones. C'est une sorte d'aristocratie. Qui s'en serait douté ? Les amateurs de fleurs, ces personnages si profondément ennuyeux, qui n'aiment qu'une fleur au monde, et foulent aux pieds toutes les autres sans distinction, ont daigné considérer la renoncule comme digne de leurs soins, ou plutôt de leurs persécutions ; ils sont parvenus à en obtenir des variétés considérables, et la culture en a multiplié les pétales à l'infini, tout en les nuançant des plus vives couleurs. Il y en a vraiment de remarquables ; mais j'aime bien ce simple bouton d'or, qui garde au fond de sa coupe arrondie la goutte de rosée où viendront boire les brillants papillons.

La scabieuse des champs, cette fleur d'un violet pâle, que l'on pourrait prendre au premier abord pour une plante de la famille des *composées*, appartient à celle des *dipsacées*[1]. Ses fleurs nombreuses sont attachées sur un réceptacle commun

---

[1] Du grec *dipsa*, soif, par allusion à la forme des feuilles, qui retiennent les gouttes de pluie.

d'une façon assez singulière; on dirait qu'elles habitent un second étage. Chacune de ces fleurs porte quatre étamines et un pistil, qui dépasse de beaucoup la corolle; la réunion de tous ces pistils ressemble assez bien à une pelote surchargée d'épingles à demi enfoncées. Les insectes ont un goût prononcé pour cette fleur; elle est pour eux, pour les tout petits surtout, un véritable jardin de délices, et ils vont en toute sécurité chercher dans cette forêt de corolles un peu d'ombre pour le jour, un lieu de repos pour la nuit.

Voici tout à côté une fleur qui appartient bien à la famille des *composées*. Elle rappelle absolument, sauf la couleur, cette petite pâquerette blanche que nous avons étudiée comme type de la division des *radiées*. Celle-ci appartient à la tribu des *sénécionides,* qui a pour chef le seneçon; on l'appelle vulgairement jacobée, herbe de Saint-Jacques. Elle est très abondante dans les prairies, dans les terrains rocailleux, et jusque sur le bord des routes, où elle élève ses grandes tiges herbacées, qui atteignent plus d'un mètre de hauteur, et portent à leur extrémité un corymbe de capitules jaunes. Ce capitule à demi épanoui présente assez bien l'aspect d'une petite tour crénelée. Plusieurs espèces de seneçons ont été cultivées dans les jardins, et l'une, entre autres, a donné cette variété de cinéraires qui sont parfois revêtues de si brillantes couleurs.

Cette petite fleur rose aux pétales finement découpés est une *caryophyllée,* l'œillet des chartreux; elle abonde au milieu des prairies, dont elle aime l'humidité. Les insectes la recherchent de préférence, il paraît; car si vous ouvrez la petite loge verte qui contient les ovules, neuf fois sur dix vous y trouverez une larve en train de grignoter sans scrupule les graines à peine formées. Ceci nous explique un phénomène toujours étonnant pour les ignorants, quoiqu'il soit bien simple en réalité. Vous-mêmes, dans votre enfance, vous avez été surprises plus d'une fois, sans doute, de trouver un ver dans un fruit dont la surface ne portait aucune trace d'effraction, et vous vous êtes demandé comment cet intrus avait pu pénétrer ainsi jusqu'au cœur de la place. La chose est surtout étonnante dans les fruits secs, dans les noisettes, par exemple, dont l'enveloppe ligneuse semble tout d'abord un rempart infranchissable contre toute attaque du dehors. Aussi n'est-ce point de là que l'ennemi est venu ; il est né dans la place avant que les fortifications aient été construites, et ces fortifications n'ont servi qu'à le protéger, lui seul, contre les mille dangers qui l'eussent attendu ailleurs. Sa mère le savait bien lorsqu'elle déposait son œuf microscopique dans le fond de la fleur qui, en devenant fruit, devait donner à cet hôte, inaperçu tout d'abord, la nourriture et le logement. Il y grandit au détriment du fruit envahi ; puis, quand est venu pour lui le moment d'aller prendre place à l'air et au soleil, il trace son sillon à travers le fruit, comme nous le voyons si souvent dans les poires ou les pommes, brise la dernière entrave qui le tenait renfermé, et sort de sa prison, pour ainsi dire, sans y être entré.

Vous trouverez bien quelques coquelicots et quelques bluets dans les prairies ; mais ils y sont comme égarés, et c'est plutôt dans les champs de blé que vous les recueillerez en quantités innombrables. C'est là qu'ils ont élu domicile et qu'ils aiment à trôner au milieu des épis à demi mûrs, qui s'inclinent devant leur royale beauté. Mais vienne un coup de vent, et les coquelicots et les bluets s'inclineront comme le dernier de leurs courtisans ; car le vent, c'est le souffle de Dieu, qui passe en faisant courber toutes les têtes, même celles qui portent les couronnes. Voyez..., voici comme à souhait un peu d'air qui vient effleurer le sommet des épis ; comme ils sont plus élevés sur leurs grandes tiges flexibles, ils se penchent les uns sur les autres, semblables à des sentinelles qui se transmettent bas à l'oreille le mot d'ordre de la nuit. Cette ondulation est gracieuse pour le moment ; mais si la brise se fait tempête, alors les épis, violemment agités, se pressent avec une sorte de fureur, et dans leur tumultueuse révolution ils brisent la tête du coquelicot, dont les pétales déchirés tombent languissants sur le sillon. Mais ne craignez rien..., « le roi est mort, vive le roi, » disait-on jadis en France. Parmi les coquelicots, c'est encore ainsi que les choses se passent, et lorsqu'une fleur est flétrie, une autre s'entr'ouvre ; elle laisse tomber les deux sépales qui la retenaient emprisonnée, et, dépliant sa robe de pourpre, elle inaugure, sans trouver d'opposition, sa royauté d'un jour.

Le coquelicot appartient à la famille des *papavéracées,* qui renferme les pavots ; il est annuel ; ses tiges et ses feuilles sont velues ; son calice est composé de deux sépales arrondis, assez durs et essentiellement caducs ; sa fleur, terminale et formée de quatre pétales, présente un mode de préfloraison assez rare dans les plantes ; elles est chiffonnée dans toute son étendue, et de plus renfoncée sur elle-même ; mais il lui faut bien peu de temps pour se déchiffonner, et prendre cet aspect brillant qu'aucune teinture et aucune peinture ne peuvent imiter parfaitement.

A côté du coquelicot, vous trouverez toujours le bluet, son contemporain, son rival pour la beauté, et son ami cependant, car ils recherchent visiblement leur présence réciproque. Ce sont deux puissances pacifiques ; il est vrai qu'elles n'ont pas le même drapeau, et, vous le savez bien, la lutte entre les partis n'est souvent qu'une question de couleur.

Le bluet est, sans contredit, l'une des plus jolies fleurs de cette nombreuse famille des *composées,* à laquelle il appartient, comme faisant partie de la tribu des *cinarées,* section des *centaurées.* Ses tiges sont blanchâtres, couvertes d'une sorte de duvet cotonneux, et peuvent atteindre un mètre de hauteur ; ses feuilles linéaires, sessiles, sont de plus en plus étroites à mesure qu'elles s'élèvent vers la fleur. Les fleurons qui occupent le centre du capitule sont tubuleux, et renferment le pistil et les étamines ; les fleurs de la circonférence sont stériles, et semblent n'être là que pour l'ornement de la fleur, à laquelle elles forment une gracieuse couronne de dix à douze étoiles, plus bleues que l'azur du ciel. Le bluet partage avec les fleurs blanches l'honneur de décorer les autels de Marie, et ces douze fleurs vierges qui l'entourent rappellent cette invocation adressée à la Vierge des vierges : « Reine couronnée de douze étoiles. »

Avec les bluets et les coquelicots si nombreux dans nos champs, se trouve, plus rare mais non moins jolie, la nielle aux tiges élancées, gracieuses dans leur raideur, et marquées de distance en distance par des nœuds cassants qui nous font vite reconnaître une plante de la famille des *caryophyllées.* Le calice monosépale est marqué de dix sillons profonds, et recouvert de longs poils blancs et soyeux. Il se prolonge en cinq divisions linéaires qui dépassent les pétales de la corolle, avec lesquels ils alternent. Ces pétales, au nombre de cinq, ont un onglet très long, qui descend jusqu'au fond du calice, où il s'insère au-dessous de l'ovaire. Le limbe de chaque pétale est marqué de cinq nervures parallèles, les étamines sont au nombre de dix, et l'ovaire est couronné de cinq styles. Comme tout est bien compté, bien réglé dans la nature, et comme on sent partout l'ordre et l'harmonie qui ont présidé à toutes choses.

La nielle dure peu de temps ; sa fleur, si fine de forme et de couleur, est remplacée par une capsule qui renferme une trentaine de grains, tout au plus. C'est bien peu, quand on songe que les têtes de pavot en contiennent plus de trente mille. Mais, nous l'avons déjà remarqué, la nielle n'est pas une fleur commune ; de plus, en raison peut-être de sa beauté, elle a beaucoup d'ennemis, et presque toutes ses capsules renferment quelques larves qui se hâtent de la dévorer avant que ses graines, encore blanches et laiteuses, deviennent noires, aromatiques et d'une dureté qui les rendrait impropres à la nourriture de tout ce monde de chétifs ennemis. Plaise à Dieu qu'ils ne dévorent pas tout, et qu'il reste au moins quelques graines pour reproduire l'année prochaine de nouvelles fleurs au milieu de nos moissons.

Voici d'ailleurs de petits individus qui vont se charger de réaliser ce souhait, en détruisant les destructeurs.

Remarquez ces innombrables *libellules* qui parcourent l'air en tous sens ; là surtout, près de la rivière, on ne peut faire un pas sans en voir lever d'innombrables essaims. Aucun insecte n'égale la grâce et la légèreté de ce brillant *névroptère*[1]. Ses quatre ailes, longues, finement nervées, sont recouvertes d'une gaze tellement transparente qu'elles deviennent pendant le vol complètement imperceptibles, de sorte qu'on ne voit plus de la libellule que son corps allongé et cylindrique, et l'on dirait de brillantes flèches multicolores lancées dans les airs par une main invisible.

---

[1] Du grec *neuron*, fibre, et *pteron*, aile.

En France, où l'on a, c'est connu, l'esprit léger et superfi-
ciel, on a remarqué surtout l'élégance de ce frêle insecte, et,
en un jour de courtoisie, le vulgaire lui a donné le surnom
de demoiselle. Nos voisins d'outre-Manche, plus pratiques que

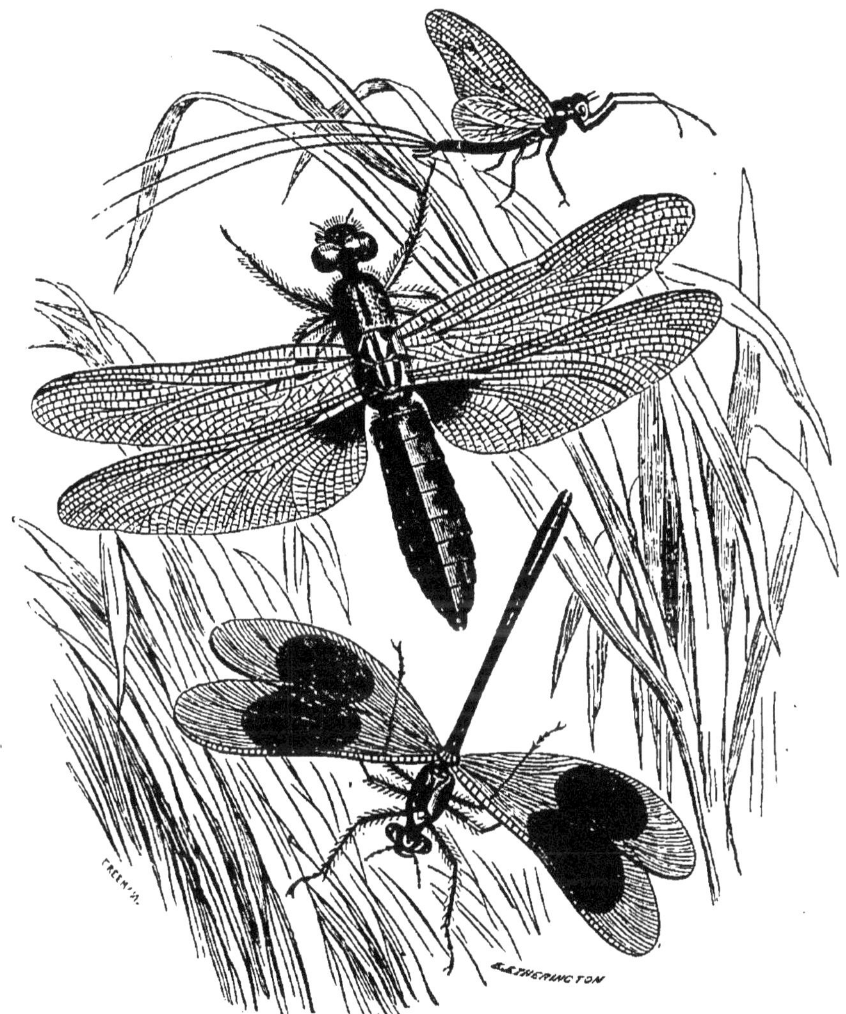

Éphémères et libellules.

nous, ont considéré tout d'abord le genre de vie de la libellule, et lui ont donné le nom significatif de *dragon-fly* [1] ; c'est
qu'en effet elle est pour les autres insectes ce qu'était le fameux dragon créé par l'imagination fantastique des poètes de
l'antiquité ; elle est carnassière au plus haut degré, et comme

[1] Mouche-dragon.

elle est armée d'une manière formidable, c'est un ennemi des plus dangereux pour les insectes, que son vol rapide lui permet de saisir facilement. Qui croirait, à la voir, que cette libellule, qui semble faite pour animer les airs et charmer les yeux, soit en réalité une machine de guerre, toujours pointée pour tomber sur un ennemi qui n'a pas le temps de lui échapper.

Celle que vous voyez voltiger au-dessus des roseaux, qui a les ailes jaunâtres, et l'abdomen d'un beau bleu cendré, en forme d'épée, est le type de l'espèce; on l'appelle libellule déprimée, en raison de la forme aplatie de son abdomen. Voyez-la posée sur cette fleur d'iris; ses ailes sont étendues transversalement, ce qui est pour elle l'attitude du repos, et ses yeux, à facettes innombrables, cherchent à la surface de l'eau quelque proie à dévorer.

Cette autre, ou plutôt ces milliers d'autres qui semblent ne pas pouvoir quitter le bord de la rivière, et dont les ailes d'un beau bleu sombre se relèvent verticalement quand par hasard elles sont au repos, sont une autre espèce qu'on appelle *agrions*. Enfin celle qui vient de passer auprès de nous et que son vol, plus rapide que celui des hirondelles, a déjà emportée bien loin, est l'*æshne*, la plus grande de toutes les libellules, et qui atteint un décimètre de longueur.

Toutes ces espèces fréquentent le bord des ruisseaux, et ce n'est pas sans raison, car c'est là qu'elles sont nées, c'est là qu'enfouies dans la vase, et d'un aspect véritablement repoussant, elles ont passé la plus grande partie de leur existence, dont la seconde période est si brillante. C'est là enfin qu'elles doivent revenir un jour déposer leurs œufs, puisque c'est là que leurs larves doivent attendre le moment de la transformation. Nous les y trouverons par milliers si quelque jour nous venons demander à ce ruisseau bien solitaire, bien ombragé par les arbres et par les roseaux, le secret de quelques-uns des mystères qu'il renferme dans ses eaux silencieuses.

CHAPITRE X

Avant que les prairies soient coupées, et que toutes nos belles fleurs de la semaine dernière soient tombées sous le tranchant de la faux, reprenons une fois encore le même chemin, et glanons au passage tout ce qui a pu échapper à nos premières observations. A côté des fleurs que nous avons avons vues, de celles que nous avons oubliées, bien d'autres se sont ouvertes depuis; car l'immense fécondité de la nature n'a point de repos, et il lui suffit de quelques jours pour faire jaillir de son sein mille choses dignes d'intérêt et d'admiration. Allons donc sans crainte : les œuvres de Dieu sont inépuisables, et celles qui se cachent ne sont pas les moins belles; pour nous, toutefois, nous faisons un peu comme les abeilles, nous ne nous arrêtons que sur les fleurs, et aujourd'hui encore la campagne va les étaler sous nos yeux aussi fraîches, aussi abondantes qu'aux plus beaux jours de mai.

Voici tout d'abord un *iris* que nous avons négligé la dernière fois. Il grandit au milieu des roseaux, et, du fond de ses larges feuilles terminées en pointe, il élève une tige droite, haute d'un mètre environ, que couronnent quatre ou cinq grandes fleurs jaunes, dont les larges pétales retombent sur eux-mêmes, comme si la vie était pour eux un trop lourd fardeau. Que vous faut-il donc de plus, pauvres fleurs? Le soleil brille au-dessus de vos têtes, les libellules en passant vous caressent de leurs ailes de gaze, et l'eau, qui baigne vos pieds, reflète votre image dans son profond miroir. Croyez-moi, relevez vos pétales alanguis, car toute fleur est faite pour regarder le ciel, et ce que vous voyez dans l'eau n'en est qu'une pâle copie. Mais non, puisque le Créateur ainsi vous a faites, restez telles que vous êtes sorties de ses mains, regardez à vos pieds l'eau qui passe toujours, et toujours cependant vous montre le firmament, soit qu'il s'illumine des rayons du soleil, soit qu'il se constelle d'étoiles, ces lointains soleils qui réchauffent peut-être d'autres mondes. Heureux ceux qui comme vous ne voient, dans la figure changeante des choses qui passent, que le reflet des choses célestes qui ne passent pas.

Ce buisson que voici tout près de la rivière est un houblon, et cette large cloche blanche qui s'y ouvre n'est pas sa fleur, comme on pourrait le croire, mais bien celle du grand *liseron* des haies, charmante plante grimpante, qui aime tout particulièrement le voisinage de l'eau. Elle appartient à la famille des *convolvulacées*, tribu des *convolvulées*, genre *calystégie*, caractérisé tout particulièrement par deux bractées opposées, qui enveloppent la fleur avant son épanouissement. On trouve cette jolie fleur dans toutes les haies ; partout elle aime à enrouler ses longues tiges volubiles aux rameaux qui peuvent la soutenir ; partout elle est jolie, mais elle ne l'est nulle part autant qu'au bord de l'eau ; elle y acquiert une largeur beaucoup plus considérable, et, sans doute à cause de la fraîcheur du feuillage qui l'environne, elle y paraît plus blanche que partout ailleurs. Sa racine vivace donne naissance à des tiges anguleuses tordues sur elles-mêmes, qui croissent avec une grande rapidité, et s'enroulent autour des branches voisines : de là leur nom de *convolvulus*. Il faut qu'elles montent, et elles sont si faibles qu'elles ne peuvent se passer d'un appui.

Avant de quitter le bord de ce ruisseau, dont l'hirondelle rase la surface pour saisir au vol quelques-uns des milliers d'insectes qui y voltigent, cueillons une de ces mignonnes petites fleurs bleues, que sans peine vous reconnaîtrez pour un myosotis.

Myosotis ! quel nom charmant ! Et quel dommage de savoir ce qu'il veut dire, car la traduction de ce mot harmonieux est un véritable désenchantement. Autant ce nom, inexpliqué, ressemble, je trouve, à la fleur à laquelle on l'a donné, autant il devient étrange quand on sait qu'il veut dire « oreille de souris ». On le lui a donné par allusion à la forme des feuilles dans quelques espèces. N'avais-je pas raison de vous dire que rien au monde n'était moins poétique que les savants ?

Heureusement cette étymologie barbare n'influe en rien sur la gentille fleurette qu'on en a si traîtreusement affublée ; et, d'ailleurs, l'imagination populaire s'est chargée de l'en venger, en lui donnant les plus douces significations. Vous savez la légende qui lui a fait donner par la rêveuse Allemagne le surnom de *Vergiss mein nicht,* que l'Angleterre a traduit : *Forget me not,* et la France : *Ne m'oubliez pas.* A ce nom on en a joint un autre encore, et l'on dit indifféremment : *Plus je vous vois, plus je vous aime.*

Savez-vous, mes chers petites, que cela seul serait déjà la glorification de cette humble fleurette ? Qu'il y a peu de gens au monde à qui l'on en pourrait dire autant ! Vous trouverez souvent, je l'espère, ou plutôt je le crains, des personnes qui, au premier abord, vous sembleront mériter toute cette dose d'affection que l'on donne si vite à votre âge ; vous les aimerez, et puis un jour vous découvrirez tel ou tel défaut jusqu'alors habilement dissimulé, et l'estime, base indispensable de toute affection vraie, s'éteindra au fond de votre cœur : vous en serez comme ébranlées, et jusqu'à ce que l'affection elle-même, qui survit parfois au naufrage de l'estime, ait disparu comme elle, il vous en coûtera peut-être bien des larmes. Mais que voulez-vous ! c'est la rosée amère qui fait germer et grandir l'arbre de l'expérience.

Les espèces du genre myosotis sont nombreuses. Celle que vous venez de cueillir porte le nom scientifique de myosotis scorpioïde, à cause de la disposition de sa tige roulée sur elle-même ; on l'appelle aussi plus simplement myosotis des prairies, car c'est dans les terrains humides, au bord des ruisseaux, qu'on la trouve presque uniquement. Cette fleur est une de celles qu'on peut ranger parmi les fleurs bleues ; elle est d'une teinte extrêmement pure, comme l'azur du ciel, qu'elle regarde dans l'eau.

Les coquelicots, si abondants la semaine dernière, ont presque tous disparu de ce champ, où cependant nous avions laissé tant de boutons. La nature ne s'est pas ralentie, elle n'a pas pris de repos, car l'heure n'a pas encore sonné pour elle; mais alors pourquoi les boutons ne sont-ils pas devenus fleurs?

Rien n'a été changé dans l'ordre admirable qui fait éclore toute chose au jour et à l'heure que Dieu sait bien : les boutons se sont épanouis, mais ils ont été moissonnés. C'était hier la Fête-Dieu, et les fleurs des champs jonchaient les rues de notre cité. Le coquelicot, ce roi des plantes champêtres, avait abdiqué sa royauté d'un jour, et ses pétales de pourpre formaient comme un tapis sous les pas du roi dont la royauté est éternelle; les bluets plus modestes, bleus comme les cordons des bannières, et les grandes pâquerettes, blanches comme les vêtements des jeunes filles, se confondaient tout le long des rues avec les lis et les roses, et mêlaient leurs parfums au parfum de l'encens.

Et voilà pourquoi les coquelicots sont rares aujourd'hui.

Cette fleur violacée que vous voyez au milieu des épis, et que vous avez déjà reconnue pour une *papilionacée,* est la *vesce* cultivée. C'est encore une plante grimpante, et comme telle elle aurait droit à toutes mes sympathies; mais remarquez la différence qui existe entre elle et cette longue branche de volubilis que nous admirions tout à l'heure. La vesce n'enroule point sa tige elle-même autour des plantes voisines; elle s'y accroche, plutôt qu'elle ne s'y attache, par les vrilles qui terminent le pétiole de ses feuilles composées, et tout en s'appuyant aux épis qui l'entourent, elle ne prête sa fleur à aucun d'eux, et reste parfaitement isolée dans sa personnalité, semblable aux égoïstes qui n'affectent les dehors de l'affection que pour obtenir des autres ce qu'ils ne leur rendront jamais.

Sur cette graminée qui pousse en étrangère au milieu des blés, voici un insecte digne d'attirer notre attention; nous aurons d'assez vilaines choses à dire sur son compte, mais quelques-unes aussi pourront vous intéresser. Prenez-le avec soin; car, dès qu'il se sentira touché, il fera le mort, et se laissera tomber dans le sillon , où vous auriez quelque peine à le retrouver.

Cet insecte est déplacé vraiment sur cette branche de flouve, à laquelle il cramponne ses pattes crochues ; car, hélas ! ce n'est point sur les fleurs qu'il se tient d'habitude, et son nom de *coprophage* [1] vous dira suffisamment quel est son genre de vie ordinaire. Toutefois, à le voir, on ne pourrait nullement soupçonner ses instincts grossiers , car sa robe noire est brillante comme le satin.

La nature a tout prévu, et même pour ceux qu'elle a traités si durement en apparence, elle a eu de ces soins, de ces délicatesses qui font reconnaître la mère envers et contre tous.

Le pauvre copris a été enduit d'une sorte d'huile, qui préserve son corps de toute souillure, et lui permet de traverser la fange sans y ternir le brillant éclat de ses ailes.

Celui que nous voyons là est le *copris lunaire,* et la corne qu'il porte sur son chaperon nous le fait reconnaître pour le mâle de cette espèce, la seule qui se trouve dans nos pays.

Un autre *scarabée,* très voisin de celui-ci, l'*ateuchus* ou bousier sacré, faisait partie du culte des Égyptiens. Ce peuple, tout à la fois si intelligent et si grossier, ce peuple qui adorait un bœuf, lui élevait des palais, et prenait le deuil à sa mort, avait fait de l'ateuchus, coprophage comme celui que nous venons de voir, un animal sacré , dont leurs monuments nous retracent encore la figure , et dont on a retrouvé des momies jusque dans le fond de leurs tombeaux.

Laissons vite ces tristes souvenirs du paganisme, et revenons à nos fleurs.

Cette petite grappe blanche, qui rappelle en tout petit la grappe du lilas, est la fleur du troène, arbrisseau de la famille des *oléinées,* qui a l'olivier pour type. Cette famille est caractérisée par un calice à tube court, à quatre dents, une corolle en entonnoir, dont le tube dépasse le calice , et supporte un limbe à quatre lobes, deux étamines, un ovaire à deux loges, contenant chacune deux ovules, un stigmate bifide, un fruit à deux loges, renfermant une ou deux graines. Remarquez en-

---

[1] Du grec *kopros,* excrément ; *phagein,* manger.

core une fois l'admirable symétrie qui règne dans toutes les choses de la nature, dans les plus petites comme dans les plus grandes, dans le nombre et l'arrangement des parties d'une fleur, comme dans l'agencement et les magnifiques relations des corps célestes.

Le troène commun a le feuillage abondant et d'un très beau vert brillant ; ses grappes nombreuses et parfumées s'ouvrent dès le mois d'avril, et sont remplacées par des baies noires, de la grosseur d'un pois. Les grives, les merles, et d'autres oiseaux les connaissent bien, et lorsque l'automne arrive, ils viennent de fort loin chercher le long des haies ces petits fruits que Dieu a fait mûrir pour eux. Les oiseaux des champs n'amassent rien dans les greniers, mais le Père céleste les nourrit.

Voici, à l'ombre de cette haie, une plante que nous aurions dû rencontrer cent fois déjà, car elle est commune, et il y a longtemps qu'elle a ouvert la première de ses fleurs bizarres. C'est l'orchis, type de l'étrange famille des *orchidées,* qui nous donne la vanille. On nomme vulgairement celui-ci *pentecôte,* parce que ses épis violacés s'ouvrent vers l'époque de cette fête. Sa racine vivace a deux tubercules, dont l'un a servi au développement de la plante, et l'autre servira l'année prochaine ; de plus, on remarque un petit bourgeon, qui servira la troisième année. Voyez que de précautions la nature a prises pour assurer l'avenir de cette plante ! Toutefois je ne sais si elle mérite tous ces soins, car elle est originale plutôt que jolie, et surtout elle est inutile ; du moins nous l'avons jugée telle. Mais qui sait ? peut-être renferme-t-elle des principes bienfaisants qui n'ont d'autre tort que d'être inconnus. Combien de plantes, avant celles-ci, ont été longtemps délaissées, jusqu'au jour où l'on a cru tout à coup leur reconnaître de précieuses qualités.

On croyait jadis que l'orchis, comme certaines autres plantes, l'iris par exemple, jouissait de la singulière faculté de se déplacer. Cette faculté locomotrice, tout à fait anormale chez les végétaux, s'explique par ce que nous venons de dire sur la racine de l'orchis, et mieux encore par la structure particulière de celle de l'iris. Cette racine est un rhizome rampant, le long duquel chaque année une tige nouvelle se développe en avant de celle de l'année précédente. Il en résulte un déplacement véritable, mais d'une extrême lenteur.

Je me souviens que dans le jardin de ma grand'mère il y avait une longue allée de marronniers, bordée d'iris violets,

Orchidees.

dont pas un seul n'était sur la même ligne que son voisin; il y en avait plusieurs qui s'avançaient jusque dans le sable de l'allée.

« Allons, disait ma grand'mère, avec cette gaieté piquante qui avait survécu aux événements divers d'une existence presque centenaire, personne ne peut plus rester en place depuis qu'on a inventé les chemins de fer; voilà mes iris qui se mettent en route! »

Et nous autres enfants, de rire à la vue de ces fleurs qui voyageaient à peu près d'un centimètre par an.

Les orchidées sont encore moins voyageuses que les iris, et

l'on peut même les considérer comme tout à fait stationnaires ; elles demeurent où la nature les a placées, et je ne suppose pas qu'aucune s'en soit jamais plainte. Il n'y a que les hommes qui croient toujours que le bonheur est là-bas... La fleur, plus sage, le trouve partout où Dieu lui envoie un rayon de soleil pour la vivifier, une goutte de rosée pour la rafraîchir.

CHAPITRE XI

Nous voici aux plus longs jours de l'année. Ces beaux jours que nous avons vus croître avec tant de bonheur vont bientôt commencer à diminuer, et nous pourrons nous apercevoir bientôt que le soleil, plus tardif à chasser au matin les ombres de la nuit, disparaîtra plus tôt le soir derrière l'horizon, au delà duquel notre crépuscule est l'aurore pour un autre monde. L'année est, pour ainsi dire, arrivée à son point culminant; nous l'avons vue parée de tous les charmes ingénus de l'enfance, puis des attraits irrésistibles de la jeunesse, tout cela a passé comme un rêve, et voici l'âge mûr, l'âge mûr qui touche à la vieillesse. O mon Dieu! quel tourbillon que l'existence, et quelle fatigue pour l'esprit, quelle tristesse pour le cœur, d'assister, spectateur passager soi-même, à l'éternel passage des choses terrestres!

La campagne à cette époque est encore belle; elle a des fleurs, des oiseaux, et surtout des papillons. Plusieurs des fleurs que nous avons rencontrées dans nos dernières promenades sont encore debout; d'autres se sont ouvertes à côté de leurs aînées. Les mauves aux jolies nuances rose tendre dominent du haut de leurs tiges élancées les humbles graminées qui, chargées du poids des jours, s'inclinent vers la terre où la faux va bientôt les coucher pour le dernier sommeil; le long des haies, parmi les buissons de troène et les guirlandes que la ronce suspend à toutes les branches voisines, la campanule agite ses petites clochettes violettes, qui peut-être rendent un son pour les insectes qui les visitent ; le thym, le serpolet, le mélilot offrent aux abeilles le suc embaumé qu'elles recherchent pour faire leur miel ; la camomille des champs et la menthe sauvage exhalent, sous les pas qui les foulent, leur parfum dont la saveur amère est fraîche et agréable ; dans l'épaisseur des forêts, la fougère, aux larges frondes élégamment découpées, abrite sous son ombrage la petite fraise des bois, qui rougit sous les regards voilés du soleil ; mêlé aux buissons d'aubépine, le liseron ouvre sa grande cloche, plus blanche que l'albâtre, tandis qu'à ses pieds, son frère, le liseron rampant, étale sur le sable brûlant de la route ses corolles plus modestes, où se plaît le *sphinx convolvuli*.

Toutes les couleurs que nous avons admirées jusqu'à ce jour se retrouvent encore dans les fleurs que voient éclore ces derniers jours de juin ; mais toutes sont plus pâles, pas une n'égale le ton de pourpre du coquelicot, le bleu sombre du bluet, le bleu d'azur de la bourrache. On dirait que la nature, fatiguée de produire, commence à songer au repos qui va venir bientôt pour elle, ou que, dégoûtée des fragiles grandeurs de ce monde, elle essaye de se recueillir pour méditer sur la mort qui l'attend.

Parfois cependant elle semble rappelée subitement au souvenir de toutes ces choses, et de son sein jaillissent, comme de brillants retours du passé, la digitale pourprée, qui élève fièrement sa crosse de fleurs rouges sur le sommet des talus, et la bruyère, qui couvre de son tapis vermeil la lande agreste, où les genêts sont défleuris.

Mais ce ne sont que des éclairs ; on sent l'effort, on a conscience que la fin approche. Tout cela peut être beau ; mais la campagne a perdu ce charme qui nous ravit depuis quatre mois, elle a perdu sa fraîcheur, elle a perdu sa jeunesse. Cette jeunesse a passé, avec elle se sont envolées les illusions, ces fleurs qui ne durent qu'un jour ; l'âge mûr est arrivé avec ses désenchantements, son égoïste et froide expérience, qui méprise les illusions de la veille, tout en les regrettant au fond

La faux couche les fleurs des champs pour le dernier sommeil.

du cœur, et l'âme humaine, ou plutôt la nature, puisque c'est d'elle que nous parlons, la nature aux prises avec les difficultés de la vie, brûlée par le soleil, altérée d'une goutte d'eau, ou dévastée par les orages, la nature a perdu la fraîcheur de son printemps, et n'a point encore revêtu cette gravité mélancolique de l'automne, que lui apportera sa première feuille jaunie.

C'est la femme de quarante ans, qui n'a plus les grâces de la jeunesse, et pas encore la majesté des cheveux blancs.

Si les fleurs, par la pâleur de leurs corolles, témoignent de la lassitude de la nature, il n'en est pas de même pour les oiseaux, qui chantent plus joyeusement que jamais, ni pour les insectes, dont les légions multipliées remplissent l'espace et réjouissent, par leurs brillantes couleurs, nos yeux attristés de ce commencement de décrépitude observé dans les fleurs. Pour les insectes, c'est la période de l'animation, du travail, de la vie ; car ce même soleil, qui dessèche les fleurs sur leurs tiges alanguies, leur donne, à eux, une vigueur inconnue jusqu'à ce jour. Ils font la moisson, car pour eux tous les champs sont mûrs. Cependant vous les verrez parfois, suspendant leur travail, étaler avec une sorte de nonchalance leurs ailes de gaze ou de velours. C'est que l'insecte ne butine que pour un jour ; à l'homme seul les soucis du lendemain ; à l'insecte, comme à l'oiseau, cette douce quiétude qui semble avoir conscience « qu'aux petits des oiseaux Dieu donne la pâture ».

Les oiseaux chantent, et dans ce langage, qui nous charme sans que nous le comprenions, ils racontent mille choses dont les anges sourient peut-être. Ils chantent ce beau soleil qui resplendit tout là-haut, et donne la couleur à leur plumage ; ils chantent ces belles nuits étoilées qui ramènent la fraîcheur dans la feuillée, où leurs petits s'endorment sous les ailes de la mère attentive ; ils chantent, et ce chant, hymne du matin, hymne du soir, monte, joyeux et pur, vers le Créateur de toutes choses. Écoutez plutôt cette voix qui s'élève tout près de nous dans le taillis où voltigent les polyommates et les vanesses. C'est une fauvette. Son chant n'a pas l'ampleur de celui du rossignol ; mais il est si doux, si pur, si tendre, que je ne sais vraiment s'il n'est pas plus sympathique encore. De plus, la fauvette chante à toute heure du jour, depuis le lever du soleil jusque vers le milieu de la nuit ; il ne lui faut pas, à elle, le silence de tous les autres chanteurs pour élever la voix ; et, peu soucieuse des applaudissements de la galerie, elle chante au milieu du concert universel sa petite partie de *mezzo soprano,* que Dieu saura bien distinguer entre toutes les autres.

Nous avons en France un assez grand nombre de ces char-mants oiseaux, et si c'est un bonheur pour nos oreilles, qu'ils enchantent de leurs suaves mélodies, c'est encore un précieux avantage peur l'agriculture, qu'ils protègent par l'immense destruction des petits insectes nuisibles dont ils font leur nour-riture. Comment comprendre alors la guerre acharnée que font les cultivateurs à ces petits auxiliaires, qui ne demandent ab-solument que le droit au travail, sans aucune rétribution de la part du paysan ? Ignorance ou légèreté, toujours la vieille histoire !

La fauvette appartient à l'ordre des *passereaux,* à la fa-mille des *dentirostres* [1], et forme le type du genre *fauvette,* dans lequel se rangent les différentes espèces de rossignol, le rouge-queue, le gorge-bleue et le rouge-gorge, ce fidèle ami de nos chaumières, qu'il quitte à peine l'hiver.

La fauvette, ce joyeux hôte de nos pays, arrive au mois d'avril, et nous quitte vers le mois de septembre pour aller chercher une autre patrie plus douce et plus clémente. Pendant les quelques mois qu'elle passe dans nos bois, elle les anime par ses chants pleins de gaieté et par son vol agile, qui semble respirer un bonheur perpétuel.

Cet oiseau, si bien doué quant à l'organe de la voix, est revêtu des plus modestes couleurs : le gris, le brun, le roux et un peu de blanc, voilà tout ce que le pinceau de la nature a trouvé pour lui. Mais, comme nous l'avons dit déjà pour les fleurs et pour les insectes, il y a aussi pour les oiseaux mieux que la beauté. Autrement il faudrait faire du perroquet le roi de cette partie de la création ; et le rossignol, la fauvette et

---

[1] Du latin *dens,* dent, et *rostrum,* bec.

tant d'autres seraient par cela même relégués à l'arrière-
plan.

La fauvette que vous venez d'entendre est la plus jolie de
l'espèce et celle qui chante le mieux ; c'est la fauvette à tête
noire. Elle mesure 0 ^{m} 14 ; brune en dessus, blanchâtre en
dessous, elle a la tête couverte d'une sorte de calotte, noire
chez le mâle, rousse chez la femelle. Elle pond deux fois pendant les six mois qu'elle passe dans nos climats ; ses œufs sont
au nombre de quatre, cinq, et quelquefois mais rarement six.
Le mâle aide à la femelle à construire le nid, et partage avec elle
les soins et les fatigues de l'incubation. Ce nid est placé à une
petite élévation au-dessus du sol ; la fauvette, petit oiseau tout
simple, sans prétention, sans orgueil de race, ne choisit point
les hauts sommets pour y poser son nid. A quoi sert de naître
sur les hauteurs, quand on peut s'y élever de soi-même ?

C'est de préférence dans les haies d'aubépine, dans les buissons de ronces ou d'églantiers, que la fauvette construit, sans
beaucoup d'art, avec des brins d'herbe attachés par des toiles
d'araignée ou quelques brins de laine, ce nid, dont l'intérieur
est garni de crin ou de laine, et que les petits, éclos au bout
d'une vingtaine de jours, quittent avant même de pouvoir
voler.

Les fauvettes sont, en général, d'un naturel doux et craintif ;
quand elles aperçoivent l'ombre d'un danger, elles se cachent
au plus vite sous les feuilles, mais reparaissent aussitôt, et
reprennent où elles l'ont laissée leur chansonnette interrom-
pue. Quoique ne vivant pas en société, elles semblent s'attacher les unes aux autres ; celles qui sont nées d'une même
couvée ne se quittent guère, et, à l'approche de ce qui leur
paraît être le péril, elles s'avertissent par des cris qui décèlent
l'inquiétude et la frayeur.

L'affection qu'elles se témoignent entre elles s'étend même
à l'homme, à l'homme qui les détruit, ou, ce qui est pis encore, surtout quand on a des ailes, qui les enferme derrière
les étroits barreaux d'une cage ; elles reconnaissent le maître
qui les nourrit, et font entendre à son approche un petit cri de
joie accompagné d'un continuel battement d'ailes. Pauvres
petites, Dieu me garde de jamais vous retenir entre les murs

plus ou moins dorés d'une prison ! Ce n'est pas pour rien que la nature vous a donné des ailes, et la captivité n'est point faite pour vous.

Le bruit de nos pas a effarouché le petit chanteur; le voilà qui s'enfuit, saisissant au vol quelque insecte dont il va faire son frugal repas. Attendez un instant, le voilà caché là-bas dans un buisson, et son chant finement modulé, suave et tendre comme une phrase de Mozart, va bientôt nous avertir qu'il n'est pas loin.

Cet autre oiseau qui s'en va devant nous, s'arrêtant, pour ainsi dire, à chacun de nos pas, est la fauvette babillarde, une espèce très voisine de l'autre, mais dont la tête est grise au lieu d'être noire, la queue arrondie au lieu d'être carrée, et ornée d'une plume blanche. Son chant, moins habile, moins soutenu que celui de la fauvette à tête noire, est plutôt un gai babil qu'une véritable mélodie. Elle passe sa vie le long des haies d'aubépine qui bordent les grandes routes, et, lorsque le voyageur qui chemine en a fait lever une volée sur son passage, elles l'escortent souvent à une très grande distance, comme pour l'égayer de leur joyeux bavardage.

Mais ce n'est pas tout que de chanter, si aérien que soit l'oiseau, il ne vit pas cependant de l'air du temps. Voici un petit moucheron qui passe, regardez, la fauvette l'a aperçu, elle se met à sa poursuite, et l'on pourrait croire que la chasse ne sera pas longue, tant les forces sont disproportionnées ; mais tout est bien équilibré dans la nature : la force d'un côté, de l'autre l'adresse, et de cette perpétuelle compensation résulte indéfiniment l'ordre admirable qui régit toute la création. La fauvette, avec la justesse de son coup d'œil et la rapidité de son aile, devrait en une seconde saisir ce petit insecte qui s'en va comme un étourdi, de droite à gauche, de haut en bas, sans prendre le moindre souci du danger qu'il court. Mais c'est justement cette insouciance qui fait son salut; car tandis que l'oiseau s'élance comme une flèche, en ligne rigoureusement droite, l'insecte, par un caprice de son aile délicate, s'est porté à droite ou à gauche du point qu'il occupait tout à l'heure, et la fauvette sera obligée de recommencer dix fois son manège avant de saisir sa proie. Est-ce donc à elle aussi que Dieu a dit : « Tu mangeras ton pain à la sueur de ton front. »

Tandis que le soleil au plus haut de sa course darde sur la plaine ses brûlants rayons, qui font mûrir les épis, pénétrons dans ce bois dont les frais ombrages invitent au repos et à la méditation. Je ne sais si vous avez éprouvé au fond de votre cœur l'impression que produit sur l'être tout entier le milieu dans lequel on se trouve. Si nous faisions de la philosophie au lieu de faire tout simplement de la botanique, nous chercherions ensemble la cause de cette impression profonde, irrésistible pour quelques-uns, que les objets extérieurs exercent sur les facultés les plus intimes de l'âme; mais puisque c'est la nature terrestre, et non point la nature humaine que nous étudions, nous nous contenterons de signaler cet effet, et, sans nous en étonner, nous nous rappellerons que c'est la voix de Dieu qui nous parle par toutes les choses créées.

La vaste plaine où l'œil s'égare à l'infini sur les sillons dorés qui frissonnent au souffle de la brise, invite le cœur à la joie, à la douce et riante confiance en l'avenir; la vallée où s'épanouissent mille fleurettes perdues dans la mousse ou l'herbe humide de la rosée du matin porte au repos du corps, au calme de l'esprit, à l'apaisement du cœur; les bois de sapins, avec leur feuillage sombre, leur odeur sauvage, le bruit particulier que fait le vent en passant dans leurs cimes arrondies; les landes, où la bruyère succède au genêt, où le sable rouge et brûlant ne conserve la trace d'aucun pas humain, jettent dans l'âme une mélancolie si profonde, si attachante, qu'elle ne peut s'en déprendre; les forêts, où le chêne élève par-dessus tous les autres arbres sa tête fière et vigoureuse, où le soleil lui-même n'ose pénétrer, où le rossignol, trompé par cette demi-obscurité, n'attend pas pour entonner son hymne solennel que les petits chanteurs du jour aient terminé leurs concerts; les forêts, où chaque feuille morte qui tombe produit un son au milieu de ce grand silence, transportent l'âme dans une atmosphère de recueillement, de méditation. On rit dans la plaine; on cause volontiers dans la vallée, sur le bord du ruisseau, qui, lui aussi, parle en son langage; on rêve dans la lande sans horizon; dans les forêts on pense et l'on parle tout bas. C'est comme un temple; rien n'y manque, ni les longues colonnades, ni les ogives, ni les guirlandes, ni les chanteurs, ni les parfums.

De tout temps les peuples ont compris la majesté des forêts, et l'ont rapprochée de la majesté de Dieu. L'antiquité plantait les chênes par milliers autour des temples qu'elle consacrait à ses divinités, et les Gaulois, avec leur poésie sauvage, mais grandiose, s'enfonçaient au plus profond des bois pour accomplir leurs mystérieuses cérémonies.

Aujourd'hui les adorateurs du vrai Dieu ont élevé en son honneur des temples où ils se rassemblent pour prier, et les oiseaux seuls font retentir les bois du chant de leurs hymnes sans fin.

Au commencement de nos excursions nous avons vu le chêne, rejetant sa brune parure d'hiver, revêtir la brillante livrée des beaux jours. Le voici maintenant dans tout l'éclat de sa mâle beauté ; il étale fièrement ses grands rameaux, qui portent à leur extrémité des feuilles légèrement nuancées de brun. Remarquez que toutes les feuilles naissantes ont une couleur différente de celle qu'elles prennent plus tard, sous la double action de l'air et de la lumière. Toutes, presque toutes du moins, en sortant du bourgeon, sont d'un vert tendre, quelquefois si jaune qu'on pourrait les croire fanées ; beaucoup prennent ensuite différents tons de rouge et de brun, avant d'arriver au ton de vert, si variable dans chaque espèce, qu'elles conservent jusqu'au jour où la mort les touche de son doigt implacable.

Les feuilles jouent, vous le savez, un rôle considérable dans l'existence du végétal ; elles sont pour lui l'organe de deux fonctions fort importantes, la respiration et la transpiration. La respiration, chez les plantes comme chez tous les êtres organisés, a pour but d'emprunter à l'air certains éléments gazeux nécessaires à la vie, et de lui en restituer d'autres devenus impropres à l'entretien de l'organisme. Toutefois la respiration des végétaux a une particularité remarquable, dont la chimie a expliqué clairement les mystérieuses raisons. Sous l'influence de la lumière, les parties vertes des plantes, et spécialement les feuilles, absorbent l'acide carbonique, le décomposent, et, gardant le carbone, dégagent l'oxygène. Cette respiration diurne solidifie le végétal, et développe la couleur verte, attribuée à une substance particulière nommée chlorophylle.

Dans l'obscurité complète, au contraire, la plante absorbe l'oxygène de l'air et exhale l'acide carbonique. Il résulte de ce double phénomène de respiration que les plantes exercent une influence essentiellement réparatrice sur l'air ambiant; car, dans les longs jours d'été, alors que les feuilles sont si infiniment multipliées sur tous les végétaux, elles ont à peine quelques heures d'obscurité, pour nous enlever, par leur respiration nocturne, ce précieux oxygène qu'elles nous versent à flots pendant plus des trois quarts de la journée.

Les feuilles sont encore pour le végétal l'organe de la transpiration; elles absorbent ou elles exhalent la vapeur d'eau selon l'état de l'air qui les environne. Par un temps humide, la plante s'imprègne de vapeur; au contraire, par les temps secs, les feuilles se couvrent de gouttelettes que l'on a prises longtemps pour l'effet de la rosée, et dont l'origine véritable est maintenant reconnue. Les recherches des naturalistes modernes ont prouvé que la plante perd, par cette transpiration, les deux tiers de l'eau absorbée par les feuilles et par les racines.

Dans notre pauvre monde, où toute chose, belle, bonne ou utile, a des détracteurs et des ennemis, il se trouve que les feuilles de tous les végétaux sont exposées à des attaques aussi nombreuses que dévastatrices.

Voyez ce beau chêne qui grandit là tout près de la lisière du bois; ses branches sont par endroits entièrement dépouillées; l'arbre, privé de ses précieux auxiliaires, languit, et finirait par dépérir sans la vigueur de sa constitution. L'ennemi qui l'a attaqué est pourtant bien chétif, et l'on se demande si de tels ravages peuvent véritablement être le fait d'un si petit adversaire. Petit et chétif! oui; mais vous oubliez le nombre, le nombre incalculable, les légions serrées et si bien armées, que rien ne rebute, et qu'un violent appétit stimule au combat. Il faut bien manger pour devenir papillon, et la chenille ne perd pas son temps. Celle qui a dévoré ce pauvre chêne est d'un gris bleuâtre ou rougeâtre, couverte de poils très longs, peu touffus, et si peu adhérents à .la peau qu'ils s'en détachent avec une extrême facilité. Leur présence sur la peau de l'homme y cause de vives et douloureuses démangeaisons.

Ces chenilles ont reçu le nom significatif de *processionnaires,* à cause des manœuvres qu'elles exécutent pour sortir de leur nid, et qui rappellent absolument la marche d'une procession, à cela près que le mouvement des chenilles est beaucoup plus silencieux, et infiniment mieux ordonné.

Quand arrive le moment de la transformation, cette heure à la fois critique et solennelle que leur révèle leur instinct, les chenilles se filent une toile commune, qui renferme autant de petits cocons particuliers qu'il y a d'ouvrières pour construire la maison. Il en sort des papillons d'un gris cendré, avec deux raies obscures et une noire, qui voltigent avec rapidité pendant tout le mois de juillet.

Cependant toutes les chenilles écloses sur le chêne ne verront pas luire le jour, si brillant pour elles, de la transformation, car voici l'ennemi. Ce n'est point un étranger pour nous, et pourtant nous ne le reconnaîtrions pas si nous ne savions que c'est là son poste favori. Il a dépouillé les langes de l'enfance, et la larve noire que nous avons vue sur les feuilles de luzerne est devenue un bel insecte d'un noir violacé, avec les élytres d'un vert doré, lequel, tout à la fois juge et bourreau, accomplit en conscience sa mission, et exécute sommairement les sentences que lui-même a rendues. Rien n'égale la voracité du *calosome sycophante ;* et comme il est d'une rare agilité, que ses longues pattes lui permettent de marcher rapidement, et, ses ailes cachées sous les élytres, de voler d'un arbre à l'autre, rien ne peut échapper à sa poursuite. Il faut rendre grâce à la nature, qui l'a si bien équipé pour le rôle qu'elle lui a confié ; car sans lui peut-être il n'existerait plus un seul de ces beaux chênes, des feuilles duquel les chenilles sont si friandes.

Voici un autre auxiliaire qui vient à son secours. N'approchons pas, car aucun oiseau n'est plus défiant que le *merle,* et le moindre bruit le mettrait en fuite. Il a saisi à terre une chenille échappée aux fortes mandibules de l'insecte , et en une seconde il l'a fait disparaître. Heureusement il n'a pas aperçu notre beau calosome ; car, sans se soucier que tous les deux aient la même besogne à faire , il aurait mangé le coléoptère tout aussi volontiers que la chenille. Les merles ont bon appétit, on sait cela , et tout leur est bon : insectes , vers de terre , fruits, graines , tout y passe.

Celui-ci est le merle commun ; il. est noir, avec le bec jaune. Dès les premiers jours du printemps il a suspendu son nid au haut d'une branche à peine reverdie ; la femelle y a déposé quatre ou cinq œufs d'un vert bleuâtre, tachetés de rouille , et les petits , éclos dès la fin d'avril , se sont répandus dans les bois , pour chanter à tous les échos leurs fraîches et naïves chansons. L'année prochaine , au retour de leurs lointaines migrations , ils accrocheront leur nid à l'endroit même où ils sont nés , car cette espèce de merle partage avec l'hirondelle la touchante faculté de se souvenir de son berceau.

Le chant du merle est d'une grande pureté, et peut rivaliser avec celui des meilleurs chanteurs. Presque toutes les espèces chantent l'année entière ; mais c'est au printemps surtout que leur voix a le plus de timbre. Pendant l'été , sous les ombrages des bois touffus , ou sur les murs de nos jardins, qu'ils visitent volontiers , ils font encore entendre leur chant harmonieux ; mais quand l'automne arrive ils ne font plus guère que gazouiller ; on dirait que la pensée du départ les attristent, et qu'ils racontent à mi-voix aux échos qui les écoutent les chagrins de la séparation. Enfin, quand la gelée a passé sur les baies dont ils se nourrissent , ils prennent isolément le chemin qui les conduit à l'exil, ou plutôt vers une autre patrie ; car l'oiseau n'est exilé nulle part, le monde entier est sa patrie, et partout Dieu lui garde un rayon de soleil , une branche d'arbre pour y poser son nid, quelques graines oubliées le long des haies ; l'oiseau est le cosmopolite par excellence·, bien plus que l'homme il est le roi de la création.

Le merle s'apprivoise facilement quand il est pris jeune ; et, grâce à une sorte de talent d'imitation, il apprend à répéter certains airs, et même à proférer des sons qui ressemblent à des paroles. J'ai en horreur tous les oiseaux parleurs , et je déplore

cette prétendue éducation qui n'a d'autre résultat que de contre-
faire deux choses admirables pour en produire une troisième,
qui est absolument ridicule. La parole, cette merveilleuse faculté
que Dieu a donnée à l'homme pour exprimer ses pensées et ses

Un nid de merles.

sentiments, est le plus bel attribut de l'humanité ; mais dans
le gosier d'un oiseau ce n'est plus qu'un absurde contresens.
Assez de gens parlent sans savoir ce qu'ils disent, pour qu'il
soit tout au moins inutile de dresser l'oiseau à cet insignifiant
babillage. Chacun doit parler le langage pour lequel la nature
l'a créé.

Quelques graminées égarées se balancent sous les grandes
branches des arbres forestiers ; une variété d'orchis ouvre au

haut de sa grande tige verte les dernières de ses fleurs blanches,
légèrement teintées de rose ; le gouet maculé élève au milieu de
ses feuilles sagittées le cornet verdâtre de sa fleur, blanche
à l'intérieur, que remplaceront des baies écarlates ; par terre,
tout près de ce dangereux arum, la fraise des bois agite en
silence sa mignonne petite tête, rouge comme une perle de
corail, et le chèvrefeuille enlace autour de tous les buissons
ses branches sarmenteuses, grisâtres, à l'extrémité desquelles
s'étalent les capitules verticillés de ses fleurs élégantes et parfumées.

Les abeilles le connaissent bien. Toutefois cet insecte que
vous voyez voltiger au-dessus n'est point une abeille, mais un
petit individu de la famille des papillons, dont le double nom
rappelle tout ce qu'il y a de plus charmant dans la nature,
l'insecte et l'oiseau. C'est le *moro sphinx*, le sphinx du caille-
lait, ou, selon le nom vulgaire, l'oiseau-mouche. Être essentiellement volage, il ne se pose jamais ; son vol capricieux le
porte rapidement d'un endroit à l'autre, et, semblable à ces
soldats de Gédéon, qui ne devaient pas même mettre le genou
en terre pour se désaltérer dans l'eau du torrent, l'oiseau-
mouche aspire le suc des fleurs sans s'arrêter sur aucune.
Voyez-le au-dessus de cette fleur de chèvrefeuille ; il reste
comme suspendu dans l'air, et tandis que sa longue trompe
plonge jusqu'au fond de la corolle tubuleuse, ses ailes battent
l'air avec une telle rapidité que, même de près, on les croirait
immobiles.

J'aime cette manière aérienne d'aspirer le suc des fleurs ;
elle me fait songer à ces existences surnaturalisées qui foulent
à peine la terre du bout du pied, et qui, même en se soumet-
tant à ces fonctions animales de la vie qui attirent en bas,
toujours en bas, n'oublient pas qu'elles ont des ailes pour
monter en haut, toujours en haut !

L'oiseau-mouche n'a pas toujours été ce gracieux insecte
que nos yeux suivent de fleur en fleur tout le temps que dure
l'été. Comme tous les papillons, ses frères, il a été chenille
d'abord, puis chrysalide. Sous son premier état, c'était une
chenille nue, de moyenne grandeur, d'un vert tendre, marquée
de nombreux points blancs, et de quatre raies longitudinales,

deux blanches et deux jaunes ; l'avant-dernier anneau portait
une corne, d'un bleu foncé, avec l'extrémité jaune. Comme
toutes les larves des sphingiens, cette chenille prend, quand on
la tourmente, une attitude menaçante, rappelant vaguement
celle du fameux sphinx mythologique. Elle vit sur le *caille-lait,*
ou gaillet, petite fleurette blanche ou jaune de la famille des
rubiacées. Lorsque le moment de la tranformation approche,
elle se fait comme à la hâte, avec des débris de feuilles attachées
par quelques fils, une coque informe, pour protéger sa chrysalide oblongue, d'un gris blond, tachée de points bruns et
rayée de noir ; la peau en est si transparente que l'on peut
observer au travers les différentes phases de ce singulier état,
et distinguer la trompe, qui se détache de la masse du corps.

Beaucoup des plus beaux papillons de nos pays appartiennent
à cette tribu nombreuse des sphingiens ; et, si nous cherchions
bien dans ce buisson de troène, nous y trouverions probablement une belle chenille, d'un vert pomme, ornée de sept raies
obliques, moitié blanches, moitié violettes, placées sur les
côtés du corps. Ces raies sont continuées par quatre petites
perles blanches, et séparées par les trous orangés des stigmates. On dirait un bracelet de malachite incrusté de perles
fines et de pierres précieuses. La tête est bordée de noir, et la
queue surmontée d'une corne lisse, jaune en dessous, noire
en dessus. Presque toutes les couleurs se trouvent sur cette
belle chenille, et le papillon qui en provient n'est pas moins
bien nuancé, quoique dans des tons absolument différents.
C'est, d'ailleurs, une chose digne de remarque, qu'il n'existe,
la plupart du temps, aucun rapport de couleur entre la chenille
et le papillon qui en résulte ; souvent même les chenilles les
plus brillantes donnent des papillons très obscurs, et récipro-
quement. C'est ainsi que le grand paon de nuit, le plus grand,
mais l'un des plus sombres de nos pays, provient d'une magnifique chenille d'un vert brillant comme l'émeraude, ornée de
perles bleues comme des turquoises.

Les sphinx, toutefois, semblent avoir été privilégiés de la
nature ; sous leurs deux états de chenilles et de papillons, ils sont
revêtus des plus jolies couleurs. Ainsi, celui que donnera la
chenille du troène aura sur les ailes supérieures du gris rou-

geâtre, du noir, du brun et du blanc ; sur les ailes inférieures, du rose et du noir ; sur le corselet, du brun, du grisâtre et du blanc rosé ; sur l'abdomen, du noir, du brun et du rose ; enfin, sous le dessous des ailes, un gris rougeâtre marqué d'une longue bande noire. C'est une véritable palette à laquelle ne manque que le bleu, cette couleur du ciel dont nous avons dit déjà que la nature s'est montrée avare pour les choses terrestres.

Quittons maintenant cette forêt, dans laquelle chantent les oiseaux et voltigent les insectes ; et, après avoir aspiré une fois encore cet air saturé de parfums si frais et si vivifiants, gagnons la plaine, où d'autres merveilles nous attendent. Nous en laissons derrière nous un grand nombre, que j'aurais aimé à chercher avec vous ; mais le temps fuit, le soleil baisse à l'horizon, et ses rayons obliques allongent indéfiniment sur la terre l'ombre épaisse des grands arbres. Laissons toutes ces mystérieuses splendeurs, qui se cachent sous la mousse ; peut-être les retrouverons-nous quelque jour, et d'ici-là le regard de Dieu les contemple, il suffit...

La couleur jaune est décidément celle qui domine dans la nature ; aujourd'hui nous ne trouverons guère que des fleurs de cette couleur. En voici une, très particulièrement élégante ; c'est le *millepertuis!* ainsi nommé à cause des nombreux petits points blancs, transparents, semblables à de petits trous ou pertuis, dont ses feuilles sont perforées. Les pétales, au nombre de cinq, entourent une véritable forêt d'étamines, dont les filets, semblables à un fil d'or, portent une anthère bilobée, marquée d'un point noir, et très mobile sur son mince support. Les fleurs sont réunies en panicules multiflores, et la plante, droite sans raideur, subdivisée en une foule de rameaux réguliers, surchargés de fleurs, ressemble assez bien à un candélabre tout étincelant de lumière.

Autrefois le millepertuis jouissait d'une grande réputation populaire ; on le regardait comme particulièrement désagréable au malin esprit, et le nom de chasse-diable, qu'il porte encore dans certains pays, témoigne de l'importance que lui attribuaient nos ancêtres. L'origine de cette croyance, comme de la plupart de celles qui ont cours dans le peuple des campagnes, serait vraiment curieuse à connaître ; mais ce qui ne semble pas moins curieux, c'est l'incroyable facilité avec laquelle, de tout temps, le vulgaire a adopté les erreurs les plus grossières.

Dans notre siècle de lumières et de progrès, on a bien trop d'esprit pour s'occuper de toutes ces naïves superstitions d'autrefois ; mais on en a inventé une foule d'autres plus absurdes encore, et auxquelles croient fermement ceux qui rient de la crédulité des âges passés. N'est-ce pas une preuve toute-puissante, une preuve irrécusable de cet immense besoin de foi, qui réside au plus intime de l'âme, et qui est comme la marque distinctive de tout être raisonnable ?

Croire, c'est penser, et penser, c'est être. « Je pense, donc je suis. *Cogito, ergo sum.* »

Mais que vient faire là Descartes, le père *Cogito,* comme l'appellent assez peu révérencieusement les Tourangeaux, ses compatriotes, et un peu les miens ? Qu'a-t-il à voir avec cette branche de millepertuis ? Cherchons plutôt ce qu'y vient faire ce personnage aérien qui voltige tout autour. C'est peut-être un philosophe aussi, lui ; en tout cas son système me paraît être de jouir, sans perdre une minute, du peu de jours que la nature lui a donnés.

C'est un papillon. On le nomme indistinctement *petit-sylvain,* ou sylvain de deuil. Ce dernier nom est justifié par la sombre couleur de ses ailes noires, marquées de taches blanches, qui forment une large bande parallèle au bord de ses ailes. C'est comme un drap mortuaire.

De qui donc portes-tu le deuil, mon pauvre papillon ? Ton père et ta mère sont morts, il est vrai ; mais tu ne les as jamais connus, et d'ailleurs, lorsqu'ils venaient de rendre le dernier soupir sur une branche de fleurs, tu étais alors une belle chenille vert tendre, marquée d'une raie blanche longitudinale, et sur le chèvrefeuille des bois, que tu dévorais à belles dents, tu ne semblais guère te douter que tu étais né orphelin. Est-ce un regret tardif qui a jeté cette livrée de deuil sur toute ta personne ? Et, comme tant d'autres, n'apprécierais-tu les biens perdus que lorsqu'ils le sont à tout jamais ? Tu t'envoles au lieu de me répondre ; mais ce vol joyeux est lui-même une réponse, et je comprends, à la gaieté de ton allure, que ce vêtement de deuil n'est qu'un caprice de la nature. Dans le monde où tu vis, la douleur est inconnue, et le deuil des vêtements n'annonce jamais le deuil du cœur.

Oh ! reste toujours papillon.

Voici à nos pieds une petite plante qui se trahit par son odeur pénétrante ; c'est le *serpolet,* espèce de *thym,* qui croît spontanément dans les endroits pierreux, et que connaissent mieux encore que nous les abeilles à la recherche du suc embaumé dont elles font leur miel. Cette plante appartient à la famille des *labiées,* dont nous avons rencontré quelques spécimens dans nos premières promenades, et qu'il est facile de distinguer, rien qu'à la forme bien caractérisée de la corolle à double lèvre. Leur parfum pourrait bien servir encore de signe de ralliement pour cette famille ; car presque toutes les plantes qui la composent possèdent une senteur aromatique précieuse pour l'industrie.

Si nous approchions de cette touffe qui étale devant nous ses nombreuses têtes fleuries, des centaines d'insectes de toutes sortes, des diptères et des hyménoptères surtout, s'enfuiraient à tire-d'aile. Ne les dérangeons pas : ils sont heureux, et leur bonheur ne fait de mal à personne ; or c'est une chose rare en ce monde, où il semble trop souvent que le bonheur des uns ne puisse être fait que du malheur des autres.

Vous connaissez bien cette plante, qu'instinctivement vous évitez en marchant, et dont, en effet, il est bon de s'éloigner, car elle est d'un voisinage peu agréable. Il y a cependant un animal qui en fait sa nourriture favorite ; il est vrai que c'est un âne. Ce qui pourrait sembler plus étonnant, c'est qu'un insecte choisisse cette même plante pour y poser son nid. Ce nid, assez semblable à celui de l'araignée, renferme une chenille épineuse, comme la plante sur laquelle elle vit, brune avec des lignes jaunes sur les côtés. La chrysalide est grise, marquée de nombreux points dorés, et le papillon qui en sort est une jolie *vanesse,* la *belle dame,* dont les ailes sont agréablement nuancées de noir, de fauve, de rouge brillant et de brun rougeâtre.

Le *chardon* appartient à la famille des *composées,* comme la pâquerette, le bluet, la jacobée et tant d'autres, que nous avons rencontrées déjà ; il se range ensuite dans la tribu des *cynarées* et la sous-tribu des *carduinées*. Celui-ci, qui croît en si grande abondance, est le chardon des champs, le fléau de l'agriculture et le désespoir permanent du cultivateur, qui a mille raisons de le maudire. Ses semences, grâce à ce mode

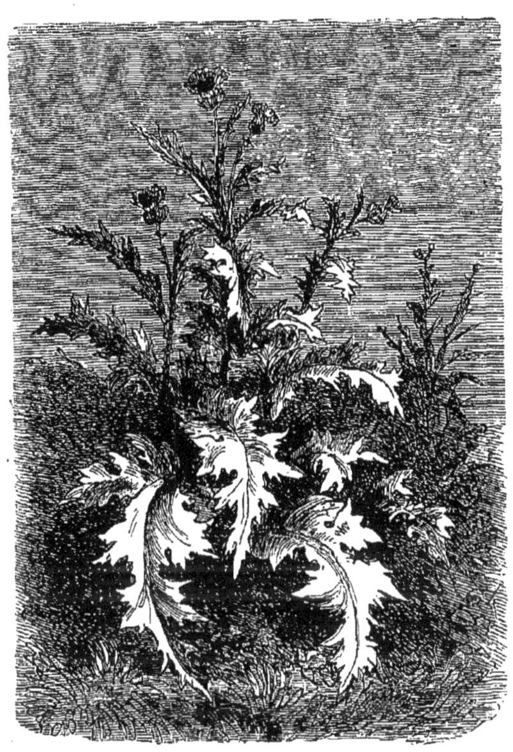

Chardon.

de locomotion propre à la famille des composées, s'envolent au gré du vent dans toutes les directions, et un seul pied suffit pour couvrir dans une année tout un champ de cette vilaine et malfaisante végétation. Vous savez bien le proverbe : « Mauvaise herbe croît toujours. »

Cet autre chardon plus grand que le précédent, est le chardon à feuilles d'acanthe, dont une variété à feuilles panachées a été introduite dans les jardins, comme plante d'ornement.

Le chardon a eu un honneur auquel n'ont pas été appelées beaucoup de plantes qui valent mieux que lui. Vous connaissez l'histoire de l'Écosse ; vous avez lu, vous avez appris, et, j'espère, vous avez admiré ces longues et périlleuses luttes d'un pays qui veut rester libre et indépendant. Eh bien, les Écossais ont un ordre militaire, l'ordre de Saint-André, ou du Chardon, qui a pour attribut un collier d'or entrelacé de fleurs de chardon et de branches de rue, et pour devise : « Personne ne m'offense impunément. » Voilà une fière devise, n'est-il pas vrai ? Mais elle n'est point déplacée sur la robuste poitrine des descendants des Bruce et des Wallace.

Cette petite fleur rose, dont la corolle ressemble à une étoile, est la petite *centaurée*. Très préconisée dans l'ancienne médecine, elle est bien délaissée de nos jours, et les insectes seuls semblent encore trouver que le bon Dieu ne l'a pas mise pour rien sur cette terre, où chaque chose a son utilité, sa raison d'être.

Voyez plutôt cette *cétoine*, qui grimpe laborieusement tout le long de la tige ; un coup de vent l'a fait tomber de sur cette grande ombellifère, où elle se reposait tout à l'heure ; elle est restée un instant sur le dos, dans l'attitude que nous voyons prendre à la plupart des coléoptères quand une cause quelconque les effraye ; puis, quand le danger lui a semblé passé, elle s'est remise sur pied, et la voilà qui fait l'escalade de la première plante venue. Le voyage ne sera pas long, car la centaurée s'élève peu au-dessus de la terre. Cette cétoine appartient à la famille des *lamellicornes*[1], à la tribu des *scarabées*, et, si cela peut vous intéresser, à la section des *mélitophiles*[2]. Bien différente du hanneton, avec lequel on la confond quelquefois, la cétoine est un petit insecte très inoffensif, qui ne se nourrit que du suc des fleurs, et dont la larve elle-même ne cause aux plantes que des ravages insignifiants.

Sur le bord de ce talus sablonneux, voici une fleur et un papillon qui semblent se complaire dans une mutuelle contemplation. La fleur, toute petite, toute jaune, sèche comme une fleur artificielle, est le *sedum* ou orpin, de la famille des *crassulacées*, genre de plantes à feuilles épaisses, charnues et succulentes ; le papillon, tout petit, lui aussi, tout

---

[1] A antennes lamelleuses.
[2] Du grec *meli*, miel, et *philos*, ami.

brun, qui la caresse de ses ailes finement nervées, est le *lycæna* de l'orpin, vulgairement argus brun. Quand il aura tout dit à sa plante favorite, il ira sans doute se poser sur cette jolie petite clochette qui achève de fleurir parmi les épines dont ce talus est couvert.

Vous vous souvenez de cette plante que nous avons rencontrée dans nos premières excursions, alors que quelques feuilles seulement, sortant de terre, révélaient aux amateurs les racines blanches qu'ils cherchaient. Heureusement quelques-unes ont échappé à leurs prosaïques recherches, et nous pouvons étudier aujourd'hui ce type charmant de la famille des *campanules*. Ce nom de campanule signifie « petite cloche ». En effet, ces fleurs affectent absolument la forme d'une cloche, et le pistil, avant sa maturité, lorsque ses trois stigmates ne sont pas encore étalés, rappelle exactement le battant d'une cloche. Le calice a cinq divisions; la corolle monopétale offre cinq pointes aiguës, un peu recourbées, et du violet le plus pur qu'on puisse imaginer, ce qui ne l'empêche pas de passer pour bleue.

Je ne sais si vous avez remarqué déjà qu'une immense quantité de fleurs présentent ce nombre cinq, qui semble privilégié de la nature; de plus, toutes ces fleurs à cinq pétales sont disposées de manière à rappeler sensiblement la forme d'une étoile. Chères petites fleurs, n'êtes-vous pas, en effet, comme les étoiles de la terre, et Celui qui a semé les unes comme les autres, en donnant aux unes la lumière, aux autres le parfum, ne vous a-t-il pas donné à toutes la grâce et la beauté?

Mais voici que celles de la terre pâlissent et se voilent; celles du ciel, au contraire, allument l'une après l'autre leurs douces lueurs dans la voûte azurée; les papillons, amis du soleil et des fleurs épanouies, s'en vont dormir sous quelque feuille elle-même endormie.

Beaucoup peut-être ne se réveilleront pas; car la nuit, hélas! c'est le temps du crime. Ces lourds coléoptères, qui tout à l'heure vont s'ébranler dans l'espace, dévoreront bien quelques-uns de ces petits pendant leur tranquille sommeil, ou briseront, dans leurs courses affairées, quelques belles ailes qui devaient encore voltiger au soleil de demain; mais que voulez-vous ! la destruction est une des lois de la nature. Chaque chose arrive à son terme, tout ce qui naît doit mourir ; car cette peine de mort portée contre l'homme pécheur rejaillit jusque sur les plus infimes créatures animées. Tout doit mourir !... comme nous mourrons un jour, et la nature multiplie sous nos pas les images de mort qui nous rappellent notre sentence. Tout doit mourir, mais Dieu seul en connaît le moment ; et tant que l'heure n'est pas venue, pas un cheveu de notre tête, pas une aile de papillon, pas une fleur ne tombent sans sa permission.

CHAPITRE XII

1er JUILLET. — Chrysomèle. — Cossus ronge-bois. — Lichenée.
— Saule. — Lucane. — Carabe. — Lampyre.

Voici pour la première fois de l'année une tiède et lumineuse
soirée qui va nous permettre une excursion crépusculaire.
Profitons-en, car nous allons sans doute rencontrer plus d'une
chose digne d'attention. Et, dites-moi, n'est-il pas admirable
que chaque heure du jour voie éclore, au pâle flambeau de
minuit comme au brillant soleil de midi, toute une série de
merveilles qui, à chaque instant, changent et se renouvellent ?
Les heures brûlantes ont leurs oiseaux chanteurs, leurs insectes empressés, leurs fleurs épanouies ; l'aube et le crépuscule
ont les leurs ; la nuit elle-même a ses splendeurs, splendeurs
voilées, mystérieuses, qui ne chantent ou ne fleurissent que
pour Dieu, dont le regard distingue à travers les ténèbres le
rossignol sur sa branche, le blanc liseron sur le bord du
ruisseau.

La nuit !... la nuit par elle-même n'est-elle pas merveilleuse, quand on la contemple un soir d'été, rafraîchie par les
vapeurs de la terre, illuminée par les étoiles du ciel, et embau-
mée de ces vagues senteurs qui flottent indécises dans les
airs ?

La nuit ! que de pensées différentes elle apporte aux uns et
aux autres ! Pour le malfaiteur, non seulement celui qui assas-
sine, mais celui dont le cœur est hanté par le sombre esprit de la
haine et de la jalousie, c'est l'heure où il trame dans l'ombre

les perfides projets qui doivent assouvir ses injustes vengeances; pour le cœur honnête et loyal, qui a rempli en conscience la mission du jour, c'est l'heure du repos bienfaisant, doucement agité par des rêves de bonheur; pour certaines âmes qui sont du ciel plus que de la terre, c'est l'heure où la prière s'élève dans le silence, plus pure, plus ardente que jamais.

Pour la nature, c'est tout à la fois l'heure du repos et l'heure du travail; car si les plantes dorment sur leurs troncs majestueux ou sur leurs tiges flexibles; si la plupart des animaux reposent au fond de leurs tanières; si les insectes, cachés sous la pierre ou dans le calice des fleurs, attendent pour reprendre leur vol joyeux que le soleil ait de nouveau paru sur l'horizon, il y a des fleurs qui ne s'ouvrent qu'aux pâles lueurs des étoiles; il y a des oiseaux qui ne chantent que quand tous les autres se taisent; il y a des papillons qui ne volent qu'après la chute du jour; il y a des insectes qui ne sortent de leur long repos que lorsque le crépuscule a couvert la terre de ses ombres. Ceux-là, ce sont les malfaiteurs dans l'espèce animale, ce sont les assassins, les jaloux, les perfides, tous ceux dont on peut dire, comme de leurs semblables parmi les hommes : « Ils ont fui la lumière, parce que leurs œuvres sont mauvaises. »

Parmi les mammifères, plusieurs sont nocturnes; les chauves-souris et quelques autres chéiroptères le sont essentiellement; les hérissons, les taupes, et beaucoup d'autres insectivores; une grande partie des carnivores, plusieurs espèces de rongeurs, quelques édentés; une foule de reptiles, de mollusques, de crustacés, d'arachnides, sont nocturnes. Parmi les oiseaux de proie, la tribu des strigidés, comprenant les hiboux, la chouette, les effraies et bien d'autres; parmi les insectes, les coléoptères, et une famille entière de lépidoptères, ne volent que lorsque la nuit est venue. Ces lépidoptères sont faciles à reconnaître à leurs ailes horizontales, retenues les unes aux autres par une sorte de lien pendant le repos; à leurs antennes effilées vers le bout, ou en forme de fuseau, de massue allongée. Toutes leurs chenilles ont seize pattes et se métamorphosent dans la terre ou à la surface, sans former de coques, ou bien dans des coques grossières, ou encore dans l'intérieur des tiges. Ces lépidoptères, quoique nocturnes, ne sont pas moins inoffensifs que leurs frères, les diurnes ; ce sont les timides, les défiants, les craintifs, et vraiment ils sont dignes d'intérêt, car si cette timidité s'explique chez quelques-uns par leur petite taille et leur humble livrée, il y en a, au contraire, qui sont les géants de l'espèce, et beaucoup sont revêtus des plus brillantes couleurs.

Auprès de ce massif d'arbres voici une petite prairie que traverse en serpentant un ruisseau qui aboutit à une mare solitaire et bien ombragée. Le voisinage de l'eau et des grands arbres entretient dans ce pré une fraîcheur et une humidité qui retardent la maturité des plantes qui y croissent ; aussi ne sont-elles pas encore coupées, ce qui est rare à cette époque. Nous ne pouvions rien souhaiter de plus favorable au but qui nous amène. Cherchez, et vous trouverez.

Regardez tout d'abord sur ces feuilles de saule ; elles sont assez souvent l'habitation et tout à la fois la nourriture d'un petit coléoptère fort joli, qui ressemble assez bien à une grosse coccinelle. C'est la chrysomèle[1]. En voici justement une qui achève de dévorer cette feuille, et va bientôt, profitant des premières ombres du crépuscule, prendre son vol pour aller chercher aventure à travers l'espace. Ce n'est pas pour rien qu'elle a des ailes, et il doit faire si bon errer de branche en branche sur ces saules qui penchent au bord de l'eau, ou sur ces grands peupliers qui secouent leur verdoyant feuillage au plus petit souffle de la brise ! Quel magnifique voyage pour une chrysomèle ! Celle-ci a les élytres rouges ; tout le reste du corps est d'un gros bleu verdâtre, un peu métallique ; c'est la chrysomèle du peuplier.

Le saule est un des arbres que les insectes semblent tout particulièrement vouloir disputer à l'homme. Ce papillon grisâtre qui vient de le quitter est le cossus ronge-bois, dont la chenille, d'un blanc jaunâtre, longue de sept à huit centimètres, bordée sur les côtés de poils peu nombreux, et marquée d'une plaque rouge-sang sur chaque anneau, vit aux dépens du saule,

---

[1] Du grec *chrusos*, or ; *mélos*, membre.

presque aussi volontiers qu'à ceux de l'orme, dont elle est l'ennemie jurée. Elle est armée de fortes mandibules avec lesquelles elle se creuse des galeries sous l'écorce des arbres, dévorant l'aubier, suçant la sève, et attaquant même la couche ligneuse quand il lui plaît d'agrandir sa maison. Pendant trois ans elle vit de cette existence ténébreuse, travaillant dans l'ombre à la ruine de ce malheureux arbre, qui languit sans que l'on puisse en découvrir la cause; puis, quand vient l'heure du réveil, le papillon, encore revêtu de son enveloppe de chrysalide, perce la mince couche d'écorce que la chenille avait réservée, et, dépouillant ses vêtements de mort, s'élance dans un monde nouveau et sans doute rempli d'attraits. Quel réveil, en effet ! Et si le papillon, doué d'un éclair de raison, pouvait se souvenir de la vie misérable que, chenille ou chrysalide, il a menée pendant un temps toujours long relativement à la dernière période de son existence, avec quel enivrement il jouirait du soleil, de l'air et des fleurs !

Du reste, il semble en avoir conscience ; car rien au monde n'est folâtre comme le papillon ; aucun insecte ne semble plus que lui empressé de jouir de tout ce qui fait le bonheur de la vie, et la nature s'est vraiment montrée bienfaisante à son égard, en lui laissant ignorer le terme rapide de cette brillante existence.

La lichenée du saule est un joli papillon de nuit du genre *noctuelle,* dont les chenilles sont allongées, plates en dessous et atténuées aux deux extrémités. Pendant le jour elles se tiennent appliquées aux troncs des arbres, dont elles ont un peu la couleur, ce qui les rend difficiles à découvrir. Leur nom de lichenées leur vient de ce que l'on a cru longtemps qu'elles se nourrissaient du lichen dont les arbres sont le plus souvent recouverts ; mais on sait maintenant qu'elles n'y séjournent que pour se mettre à l'abri des dangers de toute sorte qui les menacent.

C'est peut-être en raison de son feuillage doux et soyeux que le saule est si recherché par les insectes. Remarquez que ses feuilles lancéolées, attachées à des pétioles très courts, sont couvertes des deux côtés d'une sorte de duvet cotonneux qui doit être, en effet, fort agréable pour ceux qui s'y logent. Pour les insectes comme pour nous la question du logement est peut-être d'une haute importance; et vous avouerez que, surtout quand on mange sa maison, on a le droit d'y regarder à deux fois.

Le saule croît de préférence au bord de l'eau, dans laquelle il aime à enfoncer ses racines avides d'humidité. Ses rameaux dressés, couverts d'un feuillage fin et gracieux, donnent peu d'ombrage; mais leur flexibilité et leur couleur bleuâtre produisent un effet pittoresque dans le paysage. Voyez comme ils se balancent doucement, et dites-moi si vous ne songez pas, en les voyant ainsi tressaillir au plus léger soupir du vent, à ces malheureuses tribus d'Israël, captives chez un peuple oppresseur, suspendant aux branches des saules qui croissaient le long du fleuve de Babylone les harpes silencieuses qui ne pouvaient plus chanter les cantiques de Sion sur la rive étrangère. Quel mélancolique récit ! Et quelle sublime poésie que celle de la Bible !

Un insecte tout noir vient de passer au-dessus de nos têtes. A son vol lourd et maladroit il est facile de reconnaître un coléoptère. Le voilà posé sur le tronc de ce saule où lui aussi il passe la plus grande partie de sa vie. C'est le cerf-volant ou lucane, si bien connu des enfants, qui s'amusent de ses longues cornes, assez semblables, quant à la forme, au bois élégant qui orne la tête du cerf. Il fréquente de préférence les vieux arbres, les chênes plus encore que les saules. Sa larve, qui vit trois et même quatre ans, est blanche, avec la tête rousse; elle se nourrit de détritus de bois.

A l'état parfait, le lucane est un être bien plus pacifique que ne le ferait croire son apparence belliqueuse. Il se nourrit, comme sa larve, de matières végétales en décomposition, et, pour son dessert, sans doute, de la liqueur miellée qui enduit les feuilles de chêne. Ses grandes mandibules le gênent plus qu'elles ne lui servent, et pour le vol l'obligent à prendre une attitude presque verticale, sans laquelle le poids de la tête le ferait basculer; elles sont d'une force extraordinaire et lui assureraient un triomphe facile sur tous les autres insectes s'il lui convenait d'en faire sa proie. Mais le lucane est bon prince, il n'attaque personne, et ne fait usage de ses longues cornes que pour montrer sa force, dont on prétend qu'il est très fier. D'ailleurs, si jamais un sentiment de fatuité pouvait entrer dans la cervelle d'un insecte, ce serait bien au sujet de sa force relative

Lucane cerf-volant.

comparée à celle de l'homme. On a fait de curieuses recherches sur ce sujet ; en voici quelques résultats :

Un homme du poids de 63 kilog. peut tirer un poids de 55 kilog.; ce qui fait une proportion de 86/100. Un cheval pesant 600 kilog. ne traîne guère plus de 400 kilog.; ce qui fait une proportion de 67/100. A côté de cela, le hanneton, ce petit malfaiteur que nous avons vu au temps où les arbres poussaient leurs premières feuilles, tire un fardeau égal à quatorze fois le poids de son corps; les enfants connaissent bien cela, et Dieu sait avec quel raffinement de cruauté ils utilisent cette prodigieuse force de traction. Il y a des insectes qui tirent jusqu'à quarante fois le poids de leurs corps; et, chose digne de remarque, cette force est en raison inverse du poids et de la taille de l'insecte.

Un coléoptère brillant comme une émeraude traverse à la hâte cette pierre blanche et moussue, sous laquelle il a passé la journée. N'arrêtez pas dans sa course empressée ce petit travailleur nocturne, car il a une rude besogne à faire. Hélas ! c'est un assassin. Il attend que sa victime soit endormie, et alors, sans bruit, sans crier gare, il fond sur elle, la dépèce, l'avale, et court à une autre. Ce Nemrod est un ami pour nous, un serviteur si dévoué qu'il ne demande pour tout salaire que la permission de dévorer nos ennemis. Laissons-le faire, car si son rôle n'est pas beau, il est utile; sans ce *carabe,* qui travaille pour le cultivateur, tandis que lui-même s'endort après le labeur du jour, une foule d'insectes nuisibles ravageraient ses moissons.

« Laissez passer la justice du roi. » Ici le roi, c'est Dieu, qui veille à l'équilibre de toute chose, et distribue à chacun le rôle qu'il doit jouer sur la grande scène du monde.

Les larves des carabes vivent dans les trous des arbres, sous les feuilles sèches, et, toutes pénétrées de leur mission à la fois destructive et préservatrice, elles commencent sous ce premier état la chasse aux insectes qu'elles continueront si bravement plus tard; car le carabe à l'état parfait s'attaque à des individus beaucoup plus gros que lui. Le hanneton est un de ceux qu'il poursuit de préférence, sans se soucier de la parenté qui les unit.

Les carabes n'ont pas d'ailes sous leurs élytres, mais ils ont de longues pattes, et trottent avec une agilité remarquable.

La nuit a succédé au crépuscule; il faut renoncer à voir tout ce que ce petit coin de prairie pouvait encore nous offrir d'intéressant. Les phalènes, les hépiales, les bombyx et tant d'autres, se croisent en tout sens dans l'air, où nous ne pouvons plus les distinguer; les coléoptères courent sous l'herbe, où nos pieds les foulent sans les apercevoir. Partons. La chute du jour est mélancolique, mais la nuit est triste; c'est comme une image de cette obscurité plus ou moins complète qui enveloppe de toutes parts l'âme humaine, faite pour les splendeurs du ciel et jetée dans les ombres de la terre.

Il fait nuit pour l'intelligence qui cherche la vérité, et ne trouve que le mensonge; il fait nuit pour le cœur qui cherche le beau, digne de son amour, et ne rencontre que le mal, contre lequel il se heurte, meurtri et sanglant. O triste nuit de ce monde, de quel côté te viendra la lumière ?

Mais voyez là-bas cette douce lueur qui semble répondre à notre appel. Ah ! si la lumière venait ainsi à chaque fois qu'on l'invoque ! Approchons et voyons quel est ce phare mystérieux qui nous apparaît ainsi dans l'ombre.

La flamme, c'est un insecte; l'auréole, c'est une fleur ! un ver luisant tout au fond d'une corolle de liseron. En vérité, la nature ne pouvait rien nous offrir de plus simplement gracieux.

Le ver luisant, cette petite étoile que les chaudes nuits d'été voient s'allumer sous les gazons et dans l'herbe qui borde les routes, est la femelle d'un *coléoptère* de la famille des *serricornes,* le lampyre[1]. Le mâle est long d'un centimètre, jaunebrun, avec une tache noire sur le corselet et des élytres grises finement ponctuées; il vit dans le tronc des arbres et ne sort que la nuit. La femelle est aptère et ressemble plutôt à une larve qu'à un insecte parfait; mais la nature, qui lui a refusé les ailes, l'en a dédommagée en jetant sur les trois derniers anneaux de son corps cette substance phosphorescente dont l'insecte peut à son gré varier l'éclat. Aux uns les ailes, à l'autre la lumière.

Les hommes, qui ont au fond du cœur le sentiment de tout ce qui est beau, aiment et recherchent la clarté; ils illuminent leurs fêtes, et la joie plus ou moins vraie qui naît et grandit avec cette lumière factice, pâlit et meurt avec elle. Mais ont-ils imaginé rien de ravissant comme cette poétique illumination que la nature se donne à elle-même, dans le calme et le silence

---

[1] Du grec *lampros*, brillant.

des belles nuits d'été? Et cette fleur d'albâtre, qui reflète en la multipliant une lumière vivante brillant sans se consumer, n'est-elle pas mille fois plus belle que tout ce que l'homme a pu inventer?

Lueur mystérieuse que Dieu lui-même a allumée, cette flamme solitaire rappelle la lampe vacillante qui se balance à l'entrée du sanctuaire ; et cette corolle immaculée, qui s'ouvre quand toutes les autres se ferment, c'est l'humble vierge qui , dans le silence du cloître, s'agenouille, calme et recueillie, au pied de l'autel, et prie pour ceux qui s'endorment sans avoir prié.

CHAPITRE XIII

Voici de nouveau la campagne verdoyante comme aux plus beaux jours du printemps ; des pluies abondantes l'ont rafraîchie, les plantes alanguies se sont redressées, les arbres ont secoué au vent la poussière qui couvrait leur feuillage, et dans les prairies coupées et fanées s'étend à perte de vue un immense tapis de verdure qui repose les yeux, et rend à l'esprit quelques-unes des joyeuses pensées qu'inspire le riant aspect du mois de mai. C'est comme une seconde jeunesse qui passe au front de la nature. Mais celle-là ne vaut pas l'autre ; c'est une jeunesse factice qui a ses attraits, mais n'a plus de vigueur, et surtout qui n'a plus de lendemain ; car voici sur la lisière du bois les baies de la bourdaine et celles de l'aubépine qui commencent à rougir ; le coucou fait entendre pour la dernière fois sa note plaintive à laquelle nulle autre ne répond ; les derniers bluets fleurissent au haut de leurs tiges fanées ; et quelques feuilles, jaunies avant le temps, roulent le long des chemins et tourbillonnent au souffle du vent qui les emporte là-bas, tout là-bas. Allez, pauvres feuilles ! qu'importe que vous n'ayez pas fini votre temps ? Puisqu'il faut mourir aujourd'hui ou demain, pourquoi plaindre ceux qui, partant les premiers, ne verront pas mourir les autres !...

Quelques fleurs nouvelles se sont ouvertes depuis notre dernière promenade. En voici une qui était toute en boutons, et qui aujourd'hui n'est qu'une fleur. C'est la clématite, plante grimpante, non pas toutefois à la manière du liseron, qui enroule aux branches voisines sa longue tige, trop flexible pour se soutenir elle-même, à la façon plutôt de la vigne et de toutes les autres plantes sarmenteuses. Mais, quelle que soit la façon dont elle s'attache, elle est faible, et, comme telle, elle a droit à notre intérêt.

Avez-vous remarqué combien cette faiblesse, partout où elle se rencontre, inspire vite une sorte de compassion qui est bien proche de l'affection? On se sent d'instinct porté vers tout ce qui est faible, vers l'enfance, la douleur, la vieillesse, vers tout ce qui demande secours ou protection. La force n'a été donnée aux uns que pour servir de bouclier à la faiblesse des autres; et s'il y a dans le rôle de l'homme quelque chose de grand, de noble, de vraiment digne d'envie, c'est que Dieu, en lui donnant la double force du corps et de l'intelligence, l'a créé le soutien, le protecteur de la femme, cet être faible qui n'est fort que par son cœur. Remarquez toutefois que cette protection du fort au faible est l'œuvre du christianisme seul. L'histoire nous apprend ce qu'étaient dans les sociétés anciennes, et ce que sont encore dans les races païennes, la femme, l'enfant, le pauvre, l'esclave, en un mot, tout ce qui personnifie la faiblesse en ce monde.

Pour en revenir à notre clématite, vous serez peut-être surprises d'apprendre qu'elle appartient à la famille des *renonculacées,* tout comme le populage et le bouton d'or, que nous avons vus au printemps ouvrir leurs belles coupes dorées dans l'herbe des prairies. Le populage est défleuri maintenant; mais, en cherchant bien, nous pourrions découvrir encore quelques boutons d'or échappés à la faux du moissonneur; et vous verriez que les rapports entre ces deux plantes sont bien plus frappants qu'on ne le croirait tout d'abord. Il ne faut pas toujours, ou plutôt il ne faudrait jamais juger les gens ni les choses à la légère, car les apparences sont bien souvent trompeuses; et les jugements, même les plus consciencieux, sont encore la plupart du temps entachés des erreurs inhérentes à la profonde ignorance de l'homme. Dieu seul est un juste juge, lui qui sonde les reins et les cœurs, et dont le regard pénétrant lit jusqu'au plus profond de l'âme humaine.

La clématite est le type des *clématidées,* dont le nom signifie pampre, par allusion à la forme des feuilles dans quelques espèces. Vous connaissez bien ces deux variétés que l'on cultive dans les jardins, pour couvrir les berceaux et les vieilles murailles; l'une a les fleurs violettes : c'est la clématite viorne, originaire de la Caroline et de la Virginie ; l'autre a les fleurs blanches, finement découpées et répandant un parfum frais et suave : c'est la clématite odorante, qui croît spontanément dans le midi de la France. On en cultive encore plusieurs autres d'un fort joli effet ; ce sont de belles étrangères, importées un peu de tous les pays du monde sur notre terre hospitalière.

La clématite que vous voyez sur cette haie, qu'elle couvre de ses milliers de fleurs blanches, est indigène : elle est essentiellement française, et, sans jalouser les honneurs que l'on fait à ses sœurs de l'autre hémisphère, elle se trouve très bien sur la lisière de ce bois, où elle ouvre pour les insectes épris de ses rustiques parfums ses petites corolles toutes modestes, que remplaceront bientôt de longues touffes de poils gris et soyeux.

Savez-vous quelle est cette plante toute couverte de fleurs roses, qui étale là-bas ses nombreux rameaux, qui les élève jusque dans les branches des arbres voisins, d'où ils retombent en guirlandes un peu raides, mais cependant fort gracieuses? Les insectes y viennent par légions innombrables, ils y accourent de tous côtés, on dirait un rendez-vous.

« Qu'allez-vous y faire, légers insectes? Voyons, contez-nous un peu vos projets. Seriez-vous des conspirateurs? Ce n'est pas probable, vous faites trop de bruit, et puis vous voltigez en plein midi, dans un brillant rayon de soleil; ce ne sont point là les allures des gens qui conspirent. Seriez-vous par hasard les politiques de votre nation, les ministres, les députés, les fonctionnaires de la gent ailée ? Cela pourrait bien être : vous êtes si légers, si tapageurs, si occupés du soin exclusif de vos petites personnes! Seriez-vous les cohortes belliqueuses envoyées à la conquête de quelque province? vous êtes assez bien armés, on pourrait encore le croire. Enfin ne seriez-vous pas plutôt les ouvriers, les travailleurs, les gens qui, dans toute profession, consacrent leurs journées au rude labeur dont tous et chacun doivent profiter? Votre arme est-elle le poignard de l'assassin, l'épée du soldat, l'instrument du travailleur? Voyons, parlez, qui êtes-vous? d'où venez-vous? et à quel titre occupez-vous ce buisson?— « A l'œuvre on connaît l'ouvrier. » — Si c'est là toute votre réponse, elle est laconique, mais elle est doublement sage; car aussi bien elle vous dispense des phrases et périphrases auxquelles se croient obligés l'orgueil et l'humilité quand il s'agit de parler d'eux-mêmes.

Approchons donc, et voyons par nous-mêmes à qui nous avons affaire. Toutefois n'approchons pas trop près; car tous ces gens-là, si petits qu'ils soient, sont pour la plupart assez redoutables. Nous avons vu déjà que les plus forts sont presque toujours les plus inoffensifs; par contre, les petits sont la plupart du temps d'autant plus dangereux qu'ils ont une apparence moins effrayante. Ils sont si petits qu'ils passent partout, qu'ils se faufilent partout, on les voit à peine, et d'ailleurs leur petitesse même vous rassure. Et justement c'est là qu'est le danger. Car à défaut de la force ils ont la ruse, cette puissante ténébreuse, hypocrite, qui vous attaque par derrière, et quand vous vous retournez, croyant la saisir, vous montre un visage si innocent, illuminé d'un sourire si naïf, que cette fois encore vous croyez vous être trompé.

Voyez un peu l'air effaré de tout ce petit monde. Et remarquez quelle diversité dans leurs formes, dans leurs vêtements, dans toute leur personne. Prenons tout d'abord (ou plutôt ne prenons pas; car, outre que ce serait difficile, ce serait encore dangereux) cet insecte qui s'enfonce avec tant de bonheur dans le plus profond de cette corolle, où il disparaît à moitié. C'est un *hyménoptère,* le *bourdon,* qui n'est pas, comme plusieurs le pensent, le mâle de l'abeille, mais qui appartient à la même famille, et partage en grande partie ses mœurs et ses habitudes.

Les bourdons vivent en société comme les abeilles; mais leur association ne dure qu'un an, et lorsque les premiers froids arrivent ils meurent tous, à l'exception de quelques femelles, qui s'en vont dans les trous des murailles ou les fentes profondes des arbres attendre en paix la saison nouvelle, pour pondre leurs œufs d'où doit naître une autre génération. Lorsque le printemps est revenu, elles sortent de leurs retraites et se mettent à l'œuvre pour préparer le berceau de leur nombreuse postérité. La future mère nettoie la cavité qu'elle a choisie, la couvre de mousse, puis s'en va à la récolte ; car l'insecte est pauvre par lui-même, et, pour avoir un peu de nourriture à donner à ses petits, il faut qu'il la gagne à la sueur de son front. Aussi, voyez quelle ardeur au travail ! Pauvre petite mère, Dieu nous garde de te déranger.

Lorsque la maison est bien approvisionnée, qu'il y a du pain sur la planche, ou tout au moins du miel pour la petite famille, la mère prévoyante en forme une quantité de boules, dans lesquelles elle dépose un ou plusieurs œufs. Les larves venant à éclore n'ont plus qu'à prendre cette nourriture délicate, si soigneusement placée tout autour d'elles ; puis, au bout de quinze jours, elles se filent dans leur première demeure une coque soyeuse, d'où elles sortent bientôt insectes parfaits. Toute cette première génération n'est composée que d'ouvrières ; c'est la population industrieuse, celle qui doit, tant que dure le jour, travailler sans relâche et sans être distraite de son travail par les soins ou les plaisirs qui occuperont les générations suivantes. Butinez, petits êtres, et puisse Dieu, dans sa bonté qui s'étend à toute la nature, vous donner en abondance les rayons du soleil qui seront votre seul amour.

La mère ne participe plus aux travaux que les ouvrières accomplissent en vue d'une nouvelle postérité ; elle les laisse agrandir la maison, ramasser le miel, et tout préparer pour la seconde éclosion, qui cette fois donne une famille complète, fort nombreuse, et qui elle-même se multiplie vers le milieu de l'été. Alors la fondatrice de cette abondante population rend sa petite dépouille à la terre, heureuse peut-être, à sa manière, d'avoir vu naître et grandir les fils de ses fils.

Sur la fleur voisine de celle où notre bourdon butine toujours, sans se soucier de ce que nous pouvons dire de lui, voici un autre insecte qui lui ressemble tellement qu'on pourrait le prendre pour un de ses innombrables frères. Toutefois

Attaque d'un nid de guêpes.

remarquez que celui-ci semble se promener sur la fleur plutôt qu'y travailler; il ne charge point le pollen sur ses pattes postérieures, et, s'il récolte quelque chose, assurément il ne fait point de provisions.

Pauvre petit, peut-être il n'a pas de famille: personne ne l'attend au fond du nid qu'il a dû, comme les autres, construire avec l'espérance d'y voir naître une nombreuse et bruyante postérité !

Le *psithyre* a une famille, mais il n'a pas de maison. Grâce à sa ressemblance avec le bourdon, il est allé loger sa progéniture dans le nid que celui-ci avait construit pour les siens; on l'a laissé pénétrer sans se douter de sa supercherie, et lui, peu soucieux des petits qu'il a abandonnés, il se promène en amateur, narguant le bourdon trop confiant, et riant de l'empressement de celui-ci à butiner pour une famille qui n'est pas la sienne. Vous savez comment on les appelle ces gens qui vivent aux dépens des autres. Parasites ! quel nom infamant !

Voici pis encore, s'il est possible, voici un assassin. Ce petit individu, dont le corselet et l'abdomen sont reliés par un fil presque invisible, vous le connaissez comme moi, et vous savez qu'il fait bon ne le voir qu'à distance. J'ai lu quelque part que les *guêpes* valaient mieux que leur réputation, et qu'elles avaient, dans la vie privée, des qualités qui, mieux connues, leur mériteraient notre admiration. J'aime assurément mieux le croire que d'y aller voir, et je ne me sens nulle envie de vous conduire vers le nid où ces *hyménoptères* déploient tous leurs talents et toutes leurs vertus sociales. Ce serait facile pourtant; car voici notre guêpe, quittant la fleur où elle a fait sa provision, qui nous montre elle-même le chemin de sa maison.

Cette maison est véritablement construite avec beaucoup d'art, et les habitants, qui y vivent au nombre de plusieurs milliers, sont réellement d'une sociabilité qui pourrait bien servir de modèle aux sociétés humaines. Mais il n'est pas sans exemple que les brigands vivent en bonne intelligence, et la guêpe a tant d'autres défauts que les quelques qualités qu'elle peut avoir ne sont pas de force à établir l'équilibre en sa faveur. Que nous importe qu'elle soit adroite à bâtir sa maison, qu'elle soit agile, travailleuse, qu'elle ait de l'esprit à sa manière ? Elle est méchante ! La seule circonstance atténuante, à mon avis, c'est qu'elle ne trompe pas son monde, et qu'il suffit de la voir, avec son air agressif, pour comprendre qu'on n'a rien à gagner à la-fréquenter. J'aime mieux cela ; au moins on sait tout de suite à qui l'on a affaire, et si, de par le monde, les gens qui ne valent pas mieux que la guêpe avaient comme elle la franchise, et, si vous voulez, l'impudence de leur méchanceté, il y aurait moins de larmes versées sur la terre.

A côté de ces hyménoptères, à côté des nombreuses abeilles, peuple industrieux et toujours affairé, dont je ne vous parle point, parce que bien d'autres nous raconteront leur longue et merveilleuse histoire, voici un petit diptère qui mérite bien que nous disions un mot sur son compte. Remarquez qu'il plane au-dessus de cette fleur, à la manière de l'oiseau-mouche, sans même y poser ses petites pattes, pour puiser le suc dont il fait sa nourriture. Son corps, noir et couvert de poils jaunes assez épais, est d'un poids relativement lourd, ce qui ne l'empêche pas de traverser les airs comme une flèche. On lui a donné le nom de *bombyle bichon,* et les entomologistes ne manqueraient pas, ne serait-ce que pour le plaisir de vous débiter quelques grands mots scientifiques, de vous dire qu'il appartient à l'ordre des *diptères,* division des *brachocères,* subdivision des *tétrachoètes,* famille des *tanystomes* et tribu des *bombyliers.* Voilà, j'espère, une généalogie bien établie, et je ne suppose pas qu'il y ait, dans un monde où l'on estime beaucoup toutes ces choses, une grande quantité de familles qui puissent se vanter d'avoir une lignée hérissée de noms plus sonores que celle de ce petit insecte. Toutefois, pour lui c'est le moindre de ses soucis, et pourvu que Dieu lui donne un brûlant rayon de soleil pour voltiger en faisant entendre son grave bourdonnement, quelques fleurs épanouies pour y puiser la goutte de miel parfumé dont il s'abreuve, une feuille pour s'abriter la nuit de cette douce fraîcheur qui pour lui est un froid polaire, il s'inquiète peu du hasard de son origine, et songe en lui-même qu'un insecte qui a des ailes ne monte et ne plane qu'avec les siennes.

Comme les bêtes ont de l'esprit !

Les hommes, qui en ont quelquefois aussi, et les savants, qui en ont un tout exprès pour eux, n'ont pas encore su découvrir la larve des bombyliers. C'est un point obscur qui doit les gêner considérablement. Pour nous, cela nous est, je suppose, assez indifférent. Plus d'une fois déjà nous avons pu constater que les larves sont de méchants personnages, qui n'ont d'autre occupation que de faire le mal, en égoïstes toujours, en assassins le plus souvent ; et vraiment ce sont gens dont on connaît toujours assez. Eux-mêmes, on dirait que la nature a voulu leur fournir les moyens d'oublier ce qu'ils ont été tout d'abord ; et cette mort momentanée, qui sépare la larve de l'insecte parfait, n'est-elle pas comme la réalisation de ce rêve d'oubli, tant caressé par les hommes ? Combien pourraient dire avec le poète :

> J'ai trop vu, trop senti, trop aimé dans ma vie ;
> Je viens chercher vivant le calme du Léthé.
> Beaux lieux, soyez pour moi ces bords où l'on oublie :
> L'oubli seul désormais est ma félicité.
>
> LAMARTINE.

Mais ceci n'est point de votre âge, de votre bienheureux âge, mes enfants. Que Dieu sauvegarde longtemps vos illusions !

Maintenant que nous avons étudié les habitants, non pas tous, mais du moins ceux qui ont bien voulu se mettre aux fenêtres pour passer à portée de notre regard, étudions un peu la maison elle-même, cette maison, ou plutôt ce jardin de délices qui n'est autre chose qu'un immense buisson de ronces épanouies. Des *ronces !* voilà un nom qui sonne mal, j'en conviens. Toutefois, cette pauvre plante mérite-t-elle vraiment tout le mal que l'on dit d'elle ? Car, nous le savons bien, la calomnie est chose commune en ce monde, et je vous avoue que je ne serais pas fâchée de découvrir que la ronce vaut mieux que sa réputation. Regardons un peu de près : la calomnie s'appuie sur des aperçus ; la réhabilitation se fonde, au contraire, sur un examen consciencieux et loyal.

Comme plante, j'avoue que la ronce a le caractère assez mal fait, et qu'il est bon de ne l'approcher qu'avec certaines précautions ; car ses tiges et ses feuilles même sont hérissées d'aiguillons, auxquels il ne fait pas bon se frotter. Mais comme fleur ! Regardez cette longue grappe de boutons serrés

Ronces.

les uns contre les autres, et qui tous les jours brisent leur faible enveloppe pour étaler au soleil les cinq pétales blancs ou roses de leurs corolles. Ces cinq pétales, les cinq sépales du calice, les étamines en nombre indéfini qui s'élèvent au centre, tout cela rappelle singulièrement une fleur qui jouit d'une réputation tout autre que celle de la ronce, et à laquelle les hommes, qui donnent des couronnes aussi volontiers qu'ils en enlèvent, ont décerné celle de la royauté parmi les fleurs. La rose, ou plutôt l'églantine, que tous les poètes ont chantée, en attendant que la culture en ait fait ce que vous savez, l'églantine est tout bonnement la sœur dè la ronce ; et lorsque le hasard les rapproche, lorsqu'elles comparent et leurs feuillages et leurs corolles, peut-être s'étonnent-elles que les hommes les jugent d'une façon si différente. Et c'est vraiment de toute injustice.

Que te reproche-t-on, ma pauvre ronce ! D'avoir des épines ; mais il me semble que la rose ne s'en prive pas, et tous les soins qu'on lui a donnés depuis des siècles ont eu grand'peine à produire cette merveille tant recherchée, une rose sans épine. Toi, au contraire, tu as une de tes variétés absolument dépourvue d'aiguillons ; ta corolle est d'un blanc aussi pur, d'un rose aussi tendre que celle de l'églantine ; moins éphémère qu'elle, tu peux vivre plus d'un jour ; la culture a doublé tes pétales tout comme les siens ; enfin et surtout, à cette corolle que dédaignent ceux-là seulement qui n'ont jamais pris la peine de l'examiner, succède, au lieu de l'insipide baie de l'églantier, un fruit que le pauvre connaît bien, que l'enfant cueille avec bonheur, que la médecine utilise, et que le voyageur est heureux parfois de rencontrer le long du chemin, pour rafraîchir ses lèvres desséchées par la poussière et la fatigue.

Cette framboise des haies, cette mûre de ronces, comme on l'appelle vulgairement, est tout à la fois utile et agréable ; vous verrez à l'automne les longs rameaux sur lesquels les fruits se développent étaler, au soleil pâli de la fin de septembre, les baies globuleuses qui varient, selon la maturité, du rouge vif au pourpre le plus foncé, et finissent par devenir noires et luisantes comme des boutons de jais façonné.

Belle et utile ! qui croirait cela de la ronce ? Et comme elle est bien de ceux qui gagnent à être connus ! car, pour être juste, elle prête un peu à la calomnie ; et, de plus, elle trouve peu de défenseurs, en raison de ses vilaines épines, que l'on juge de nature à lui fournir une défense personnelle et suffisante. Mais un coup d'épine, pas plus qu'un coup d'epingle, ne prouve absolument rien. Du reste je n'ai pas l'intention de nier l'existence de cette épine ; je la connais par expérience, et je sais, par expérience aussi, qu'il n'y a pas, pour défendre ses amis, de plus mauvais moyen que de nier leurs défauts.

Il est bien plus sage de les avouer franchement, tout en faisant ressortir, comme contre-partie, les qualités qui doivent les leur faire pardonner. C'est ce que j'ai fait pour toi, ma pauvre ronce : ai-je réussi ? je n'en sais rien, car ta cause est bien aventurée ; la calomnie a passé sur toi, elle t'a flétrie plus que la poussière des routes, dont les épais tourbillons viennent souvent ternir la fraîcheur de ta fleur ou le sombre éclat de ton fruit mûri. Pour te purifier de cette souillure passagère, il suffit d'un peu de vent qui souffle dans tes rameaux, de quelques gouttes d'eau que te verse le nuage en passant ; mais pour te sauver de la calomnie, des préjugés, c'est bien autrement difficile.

Au fait, que t'importe l'opinion des étourdis dont le monde est rempli ? C'est pour toi, tout aussi bien que pour la rose, qu'il y a dans le fond de la terre des sucs nourriciers en abondance, au ciel un beau soleil tout resplendissant, de lumineuses étoiles au firmament, et dans les airs des milliers d'insectes que charment tes parfums discrets, et qui viennent au plus profond de tes corolles s'abreuver de la douce liqueur que tu leur abandonnes en souriant ; eux, en retour, bourdonnent à ton oreille ces refrains favoris du travailleur qui chante pour égayer son labeur du jour ; et, tout au fond de tes buissons, la fauvette pose son nid joyeux. Ta part est belle ; je ne veux plus te plaindre. Grandis donc, grandis sans crainte autour de nos champs, que tu protèges contre les ennemis du dehors ; le long de nos routes, que tu ombrages de ton épaisse verdure, ou que tu réjouis de tes fleurs innombrables ; grandis, et que ton fruit mûrisse pour le pauvre et pour l'enfant qui viendront te le demander bientôt ; grandis, image fidèle de ces douleurs sans nombre qui bordent, pour l'âme humaine, les deux rives de l'étroit sentier par lequel elle retourne là-haut. Si la foi nous commande de supporter patiemment, de bénir même les afflictions du chemin de la vie, ces épines, dont les fleurs ne s'épanouissent que dans l'autre monde, toi, qui dès ici-bas nous donnes à profusion tes fleurs et tes fruits, pauvre ronce, pourquoi te maudire ?

Le mois de juillet est vraiment le mois des insectes. Si nous quittons notre buisson de ronces pour suivre au bord de la prairie cette haie de chênes au verdoyant feuillage, nous y trouverons une foule d'êtres aériens, dont quelques-uns seront pour nous d'anciennes connaissances, mais que nous reverrons avec plaisir, à côté d'autres qui seront pour nous des visages nouveaux.

Le soleil est brûlant, et il ferait bon s'abriter sous les grands arbres contre ses rayons perpendiculaires, qui couchent à peine devant nous notre ombre sur le sol de la prairie fauchée; mais à l'ombre, nous trouverions peu de papillons; ces brillants fils de l'air aiment à faire miroiter leurs ailes en plein soleil, et c'est là qu'il faut aller les chercher pendant les heures les plus chaudes du jour. Point de plaisir sans peine. Demandez à tous ceux qui vont, de gaieté de cœur, s'entasser dans les théâtres ou dans les salles de bal, d'où ils rapportent infiniment moins qu'un papillon.

A propos de papillon, en voici un qui voltige autour des branches de ce chêne; ses ailes anguleuses, très sombres en dessous, couvertes à la base de poils noirs et abondants, sont, en dessus, d'un fauve brillant taché de points noirs irréguliers, et bordées d'une bande noire pointillée de bleu, qui suit consciencieusement les capricieuses découpures des ailes. C'est la *grande tortue*, appartenant au genre *vanesse*, que caractérisent des antennes aussi longues que le corps, terminées par une massue ovoïde, la tête plus étroite que le corselet, qui est très robuste, les yeux velus, et l'abdomen plus court que les ailes, qui le couvrent en partie pendant le repos. La grande tortue vit sur le chêne, l'orme, le saule, et quelques arbres fruitiers, dont elle fréquente de préférence les branches les plus élevées. Mais, si son existence aérienne se passe ainsi sur les hauteurs, il n'en est pas de même de sa chenille, qui n'a pour horizon que le feuillage d'une assez vilaine plante, dont la laideur n'est pas encore le plus grand défaut. Si, vous armant d'une paire de gants bien épais, vous cherchiez sur cette touffe d'orties qui croît là-bas au pied de cette muraille à demi écroulée, vous trouveriez une chenille brunâtre, quelquefois bleuâtre, marquée sur les côtés d'une ligne orangée; si, poursuivant vos investigations, vous visitiez quelque saillie de la vieille muraille, vous rencontreriez une chrysalide anguleuse, pendue la tête en bas en attendant l'heure de la résurrection ; enfin, si, par un rare bonheur, vous vous trouviez là au moment où cette peau desséchée se fend et livre passage au captif qui, tout ému de sa liberté subite, déplisse ses ailes, les agite pour les essayer, et, au bout de quelques instants, prend son vol à travers l'espace, vous reconnaîtriez cette belle tortue qui fait tournoyer maintenant sur le sommet des chênes ses grandes ailes de bronze doré.

Voici maintenant la *petite tortue*, qui ne diffère de la grande que par la taille ; voici le *vulcain*, ce splendide papillon qui ressemble à une flamme vivante ; posé sur le revers du talus, il agite au soleil ses ailes tachetées de blanc et de rouge ardent. On dirait qu'il bat la mesure, en écoutant les nombreux chanteurs qui gazouillent leurs concerts dans toutes les branches. Avant d'être ce joli papillon que tout le monde connaît, et dont les brillantes couleurs séduisent tous les enfants, c'était une chenille épineuse, noirâtre, pointillée sur les côtés de petits trous d'un jaune pâle, qui vivait sur l'ortie, comme les deux autres vanesses que nous venons de voir, et devenait ensuite une chrysalide noire, marquée de points dorés.

Cet autre papillon, un peu plus petit, qui vient de se poser sur une branche de chèvrefeuille sauvage, est encore une vanesse. Le fond de ses ailes est à peu près de la même couleur que celles de la tortue ; les points noirs et les bandes qui encadrent les ailes ont absolument la même disposition ; mais ce qui le fait distinguer sans peine de toutes les autres vanesses, c'est la découpure profonde et très particulièrement gracieuse de ses ailes, et la singulière petite tache blanche en forme de G que l'on observe en dessous. La nature, habituellement muette à ce sujet, et qui se laisse imposer tel ou tel nom par les savants ou par le caprice du vulgaire, semble avoir tenu à nommer elle-même ce petit être privilégié ; il faut rendre aux savants cette justice qn'une fois en passant ils ont daigné respecter les lois de la nature, et ils ont appelé ce papillon *gamma*, nom grec du G. Il est connu aussi sous le nom de Robert le Diable. Comme chenille, c'était encore un habitant de l'ortie, revêtu alors d'une robe d'un brun rouge, ornée d'une bande blanche sur le dos.

Mais voici les deux plus belles espèces de ce beau genre

vanesse, qui semble vraiment s'être donné rendez-vous ici pour notre plus grand bonheur. Ce large papillon, d'un fauve roux, avec les quatre ailes marquées de grands yeux, où se trouvent presque toutes les couleurs, est le *paon du jour*, non pas le plus brillant peut-être, mais assurément le plus harmonieux comme coloris, de tous ceux de nos pays. Sa chenille, d'un noir brillant, pointillée de blanc, a vécu elle aussi sur l'ortie, la plante nourricière de presque toutes les vanesses. Elle s'est transformée en une chrysalide verte d'abord, puis brune, marquée de taches dorées, au fond de laquelle la nature, en quelques semaines, a accompli cette merveilleuse transformation, qui n'étonne plus, mais qui charme toujours.

Enfin, cet autre papillon qui vole tout là-haut, et semble dominer fièrement la sphère où s'agitent ses frères, les autres vanesses, est la merveille du genre; c'est le *morio*, dont les ailes anguleuses sont d'un pourpre presque noir, encadrées d'une bande jaune ou blanche, le long de laquelle s'étend une ligne de points d'un beau bleu velouté. Sa chenille, noire, épineuse, tachée de rouge, vit en société sur le bouleau, le tremble, l'orme, et plusieurs espèces de saules; elle s'enferme dans une coque noire saupoudrée de bleu, et tachée de points ferrugineux. Ce splendide papillon éclôt deux fois par an, au mois de février et au mois de juillet ou d'août. Son vol rapide et presque toujours élevé le garantit des poursuites des enfants, et donne quelquefois bien du mal aux amateurs qui veulent le saisir quand même. Je me souviens d'une chasse faite à l'un de ces jolis papillons par une société de personnes qui, pour la plupart, n'avaient plus de la jeunesse ni l'âge ni la précieuse agilité. C'était au mois d'août, par une chaleur tropicale; nous étions assis à l'ombre, près d'un ruisseau, dissertant gravement sur le bonheur de s'allonger paresseusement sur l'herbe en écoutant le chant de l'eau et celui des oiseaux. Passe un morio! L'un des plus jeunes de la bande était un entomologiste, amateur forcené qui, chaque année, traversait la France de Lille à Perpignan pour enrichir sa collection, déjà fort remarquable. Assurément le morio devait s'y trouver depuis longtemps déjà; mais un chasseur d'insectes, pas plus que tout autre chasseur, ne dit jamais assez. Et voilà l'ama-

teur, tout désarmé qu'il était, qui s'élance à la poursuite de
cette belle vanesse. Et toute la bande de l'imiter, courant tant
bien que mal à travers champs, agitant ombrelles et mou-
choirs, jetant ses chapeaux en l'air, au risque de les voir s'ac-
crocher dans quelque branche, et poussant des cris qui eussent
effrayé tout autre qu'un papillon. C'était risible, c'était gro-
tesque. Et, lorsque après un quart d'heure de chasse acharnée,
mais infructueuse, cela va sans dire, chacun se rassit, rouge,
essoufflé, haletant, et jeta un coup d'œil sur son voisin, ce fut
une hilarité générale, à laquelle dut prendre une part tout
spécialement joyeuse le volage papillon, cause, mais non victime, de cette tumultueuse évolution.

Les vanesses, et particulièrement la grande tortue, ont donné
lieu à une croyance singulière dans le moyen âge, et qui
reparut encore dans la Provence en plein xvii° siècle. Au
moment où le papillon sort de sa chrysalide, il répand un
liquide rouge, assez semblable à de petites gouttelettes de sang.
Les peuples superstitieux s'effrayèrent de ce phénomène, qui
leur semblait une menace du ciel, irrité contre la terre, trop
souvent arrosée d'un sang qui crie vengeance.

Un savant essaya de calmer leurs craintes, en démontrant
la cause véritable de cette prétendue pluie de sang; mais le
peuple, qui croit d'autant plus volontiers les choses qu'elles
sont plus absurdes, refusa d'ajouter foi à ces explications, et
demeura convaincu de ce qu'il avait cru tout d'abord.

Le soleil descend vers l'horizon, et avec lui s'en vont les
papillons; la journée n'est pas longue pour eux, mais elle est
si bien remplie, que le besoin du repos se fait vite sentir. Ils se
cachent sous les feuilles, dans les broussailles des haies en
fleur, relèvent leurs ailes fatiguées, et s'endorment sous le
regard de Dieu; demain ils recommenceront leurs courses
folles à travers les airs, si toutefois il y a un lendemain pour
ces êtres éphémères dont la vie ne dure guère qu'un jour.

Faisons comme eux, quittons cette prairie, où quelques
fleurettes échappées à la faux meurtrière entr'ouvrent timidement leurs yeux de toutes couleurs, qui semblent chercher
leurs sœurs absentes. N'espérez plus qu'elles reviennent, pauvres petites; elles ne sont plus! Avant vous, elles ont suc-

combé aux coups d'un ennemi qui vous brisera bientôt, vous aussi, à moins que, fatiguées de la longueur du jour, attristées de la disparition de tout ce que vous avez aimé, de vous-mêmes vous ne vous couchiez sur le sillon où vos sœurs sont endormies.

Croyez-moi, allez les rejoindre, pauvre nielle isolée, bluet pâli, fleurette languissante, quel que soit votre nom ; quand on a vu mourir tous ceux que l'on aimait, l'on a assez vécu !...

CHAPITRE XIV

Nous voici en Bretagne, mes enfants, dans cette contrée
si riche en souvenirs, si fertile en poésie ; dans cette contrée
où la légende coudoie la vérité, où chaque pas vous montre
encore debout, plus ou moins altérée par le temps, quelque
trace du passé ; car la Bretagne a de longues et glorieuses
annales ; son nom se trouve à toutes les pages de l'histoire de
notre pays, et de nombreux monuments, antiques comme les
siècles qui n'ont pu les détruire, racontent, dans leur muet
langage, ce qu'était ce pays longtemps avant l'époque où l'on
songea à écrire l'histoire. Ah ! je comprends qu'on l'aime,
cette terre que le Ciel lui-même semble avoir privilégiée ; cette
terre que l'Océan entoure de ses flots infinis, bleus comme le
firmament, ou verts comme une immense prairie ondulante ;
je comprends que ses fils, comme des plantes auxquelles il
faut l'air natal, ne puissent s'acclimater sous un autre ciel, et
que, « Français à l'étranger, ils soient toujours et partout Bre-
tons en France. » Je comprends que les artistes et les poètes
l'aiment par-dessus tout, cette vieille Bretagne, avec sa mer
si grandiose, ses côtes accidentées, cachant dans les fissures
de leurs roches grisâtres des fleurs qui s'épanouissent jusque
sous l'écume de la vague, ses landes arides, sablonneuses,
où la bruyère rougit sur l'herbe brûlante, et au-dessus desquelles semble planer le silencieux génie de cette mélancolique
contrée.

Au point de vue historique, aucune partie de la France n'est plus intéressante à parcourir que cette province ; toutefois ce n'est point l'histoire du passé que nous venons lui demander, c'est celle pour laquelle les dates sont inconnues, celle qui était hier, qui est aujourd'hui, qui sera demain , qui sera toujours ; c'est enfin cette gracieuse histoire de la nature, qu'illumine le soleil, que murmurent les flots de l'Océan, qui chante avec les oiseaux, qui s'épanouit avec les fleurs, et qui parle par le silence même de tous ceux auxquels Dieu a refusé la parole. Oh ! comme cette histoire est bien plus belle que l'autre ! Comme elle s'adresse bien plus directement au cœur ! Comme il est bon d'étudier les œuvres de Dieu, plutôt que les actions des hommes !

Et tout d'abord, saluons l'Océan !

La Bible, dans sa grandiose simplicité, raconte que le troisième jour le Créateur sépara de la terre les eaux, auxquelles il donna le nom de mer. Et depuis des milliers d'années que la science moderne accorde à notre globe, l'Océan, docile aux ordres de Dieu, accomplit la mission qui lui a été confiée ; deux fois en vingt-quatre heures il soulève la masse immense de ses flots ; de sa lame, tantôt caressante, tantôt furieuse, il embrasse ou il soufflette les rochers qui bordent son lit ; dans ses profondeurs insondables, il berce par millions les êtres de toutes sortes que la main divine y a jetés ; sur toutes les grèves où son éternel mouvement le ramène, il apporte chaque jour les débris que lui-même a faits, et souvent, hélas ! il jette à la côte, parmi les varechs et les coquillages, les épaves informes des navires qu'il a détruits dans ses fureurs. Car l'homme a voulu l'asservir. Roi de la création, il veut que tout cède à sa loi. Il a soumis le feu, il a soumis la terre avec les animaux qui l'habitent , les plantes qui croissent à sa surface, les pierres et les métaux qui dorment dans son sein ; il a conquis les oiseaux qui volent dans les airs , où lui-même a osé s'élever ; il a dompté les eaux, il en a fait en mille manières les serviteurs obéissants de ses besoins, de ses goûts, de ses caprices. C'est l'eau qui sur terre l'emporte rapide à travers l'espace ; et c'est l'eau qui, depuis des siècles, le conduit d'un hémisphère à l'autre, sur ses flots

Les côtes de Bretagne.

bouillonnants. Sur une simple planche, sur un tronc d'arbre creusé, l'homme a osé leur confier sa vie ; entraîné d'abord, sans doute, il a trouvé le moyen de diriger son fragile esquif ; puis il a voulu aller plus vite, et il a tendu au vent ces blanches voiles qu'il a modifiées de mille manières. Son esprit, inquiet et chercheur, a rêvé d aller plus vite encore, plus vite toujours ; alors il a adapté à ses navires des roues comme aux chars qui l'entraînent sur la terre, et la vapeur, ce dernier mot de la science moderne, la vapeur, fille du feu et de l'eau, trace au-dessus de l'Océan ses folâtres tourbillons, tandis que le vaisseau qu'elle emporte creuse et laisse après lui ses blancs sillons dans l'eau deux fois asservie.

Mais l'esclave dompté parfois essaye de secouer le joug, et comme l'homme a osé le dire lui-même au Créateur, l'Océan à son tour dit à l'homme par la puissante voix de ses tempêtes : *Non serviam*. Et dans ses abîmes infinis il engloutit en quelques instants ces beaux navires, hauts comme nos cathédrales, dont quelque jour il rejettera sur les plages lointaines quelques misérables débris...

Pauvres femmes de matelots, pauvres mères, pauvres sœurs, montez sur le rocher où s'élève une vieille croix de granit, qui semble se pencher au-dessus des flots. Tombez à deux genoux sur cette pierre qu'ont creusée les pas de tant d'autres, venues avant vous demander grâce à Celui qui commande à la tempête ; puis regardez l'Océan, et attendez... Attendre, voilà votre existence ; et Dieu seul peut savoir si les pleurs de la séparation et les pénibles angoisses de cette longue attente un jour seront oubliés dans les joies et les baisers du retour.

Ah ! comme l'on comprend le sens de ces croix nombreuses qui s'élèvent au sommet des rochers, le long de tous les rivages ! Combien de pauvres femmes en deuil, après y être venues souvent prier pour les absents, y reviennent prier pour ceux que la mer a pris ! C'est là qu'elles déposent, arrosées par leurs larmes, quelques fleurs, comme nous en portons, nous, sur des tombes bien chères, dans les cimetières silencieux où nous dormirons demain.

Lorsque nous parcourions ensemble les champs où fleurissaient les bluets, où voltigeaient les joyeux papillons, nous avions pour principe d'examiner la maison avant de passer à l'étude des habitants. Faisons de même aujourd'hui, et, après avoir contemplé ces bizarres découpures qui encadrent la mer, après avoir mesuré du regard cette nappe sans fin qui resplendit aux rayons du soleil et que sillonnent de nombreuses barques de pêcheurs, étudions un peu l'eau elle-même, cette eau si différente de celle qui coule, transparente et insapide, dans les rivières où se baignent les libellules bleues.

S'il vous est arrivé, comme à quelqu'un que je connais très particulièrement, de goûter plus que vous ne vouliez à l'eau de mer, chaque fois que vous avez essayé de nager, vous savez par expérience que cette eau est salée et très désagréable au goût. Le sel, ou, pour parler comme les savants, le chlorure de sodium, s'y trouve en dissolution dans la proportion respectable de vingt-six grammes soixante centigrammes pour un kilo ; cette salure est égale à toutes les profondeurs, mais elle varie selon les latitudes, et diminue vers les pôles, surtout vers le pôle nord ; à l'embouchure des fleuves elle est sensiblement moins considérable.

L'Océan étant, pour ainsi dire, le grand réceptacle auquel des milliers de cours d'eau viennent apporter les tributs de tous les pays, il n'est pas étonnant d'y rencontrer tous les éléments chimiques du globe ; mais quelques-uns y sont en si petite proportion qu'on n'en tient pas compte, et que l'on ne s'occupe que des plus importants ; tels sont, après le chlorure de sodium, les chlorures de magnésium et de calcium, et le sulfate de soude, auquel on attribue tout spécialement l'action bienfaisante des bains de mer.

Les bains de mer ! qui ne se croit obligé d'en prendre de nos jours ? Qui n'a pas une maladie qui les demande et un médecin qui les prescrive ? Autrefois les personnes vraiment malades, ou les gens fort riches, se permettaient seuls ce luxe, devenu maintenant le nécessaire pour tout le monde. Et à dire vrai, de tous les besoins nouveaux que notre siècle a fait naître, il n'en est pas un seul plus raisonnable que celui-là. Rien ne vaut une saison passée au bord de la mer. Ceux qui ne cherchent que les plaisirs peuvent en trouver de semblables à ceux qu'ils quittent, et de bien meilleurs encore ; ceux qui ont l'âme accessible aux enseignements de la nature n'ont qu'à prêter l'oreille à cette grande voix de l'Océan, qui dit tant de choses ; tous, enfin, peuvent trouver là, avec le repos et la santé du corps, le repos et la santé de l'esprit.

Toutefois, vous l'avouerai-je, ces baigneurs me gênent, ils me gâtent mon Océan. Ces gens distraits, en quête des fêtes de la ville ; ces hommes qui fument en fredonnant quelque méchant refrain du vaudeville à la mode ; ces femmes qui balayent de leurs robes traînantes le sable que la mer vient de quitter et qu'elle couvrira de nouveau tout à l'heure ; ce déploiement de toilettes souvent extravagantes, ces rivalités commencées au bal du dernier hiver, qui viennent se mesurer, se heurter jusqu'ici ; tous ces rires, toutes ces futilités, en présence du plus beau spectacle de la nature, tout cela me choque, me froisse, et me ferait fuir au bout du monde, si la mer n'était que sur les plages où tous ces désœuvrés s'en vont promener leurs pas.

Mais ce n'est pas là que nous irons la chercher, nous. Laissant à la foule les chemins sablés et ratissés, que la main de l'homme a tracés, nous irons tout le long de ces grands rochers, que la nature seule a façonnés, et qu'avec un peu d'attention nous escaladerons sans péril.

La marée est à son point culminant. Pendant six heures elle a amené de loin ces grandes vagues bruyantes, qui, glissant les unes sur les autres, ont fini par remplir son lit, que bientôt elle va abandonner de nouveau. Car jamais un instant la mer n'est stationnaire ; elle monte, elle descend, puis elle remonte pour redescendre encore ; et depuis des milliers d'années elle exécute ce perpétuel va-et-vient, qui est comme l'immense battement de son cœur.

Pauvre âme humaine, est-ce assez ton image ! toi aussi tu connais le flux et le reflux ; sans cesse poussée vers l'objet que tu veux aimer, tu l'abandonnes dès que tu l'as touché, laissant partout sur ton passage quelque débris de toi-même ; tu connais les jours de calme et les jours de soleil ; mais tu connais surtout les jours de tempête, et ce n'est point à toi que Dieu a dit : « Tu n'iras pas plus loin. »

Voyez-vous là-bas quelque chose de noir qui paraît, s'enfonce, puis reparaît encore ? Est-ce un canot qui lutte contre
les vagues ? mais la mer est unie comme une glace. Est-ce un

Marsouins.

nageur intrépide qui s'aventure ainsi au loin ? mais ce serait
par trop imprudent, car il y a loin de la côte à ce point noir,
plus qu'on ne le croirait même, tant les illusions d'optique sont
grandes en mer. Est-ce enfin un oiseau qui repose ses grandes

ailes sur les flots, avant de reprendre son vol à travers les airs ? Ni un navire, ni un nageur, ni un oiseau. Un poisson, tout simplement un marsouin, ou plutôt une bande de marsouins, qui prennent leurs ébats au milieu des vagues, et peut-être trouvent plaisir à faire resplendir leurs couleurs verdâtres ou violacées aux chauds rayons de ce brillant soleil.

Le *marsouin* est un *mammifère* de l'ordre des *cétacés*, de la famille des *cétacés ordinaires*, et de la tribu des *delphiniens*. Les marsouins communs se trouvent en abondance dans toutes les mers, surtout dans l'Atlantique, et à l'embouchure des fleuves, qu'ils remontent quelquefois assez haut. On dit que quelques-uns se sont aventurés dans la Seine jusqu'à Paris. Qui aurait cru que ce tranquille cétacé aurait jamais envie de visiter notre capitale ? Et vous figurez-vous l'étonnement de ces innombrables pêcheurs à la ligne qui encombrent les deux rives de tous nos fleuves, en voyant passer à leurs pieds ce mammifère, qui atteint jusqu'à un mètre soixante de longueur ? C'est peu pour un cétacé, mais aux yeux d'un pêcheur d'ablettes, quelle belle pièce !

La mer est admirable quand elle est pleine ; mais c'est le moment où elle offre le moins d'intérêt pour nous, qui voudrions pénétrer quelques-uns des mystères renfermés dans ses ondes fertiles. Heureusement voici un bateau pêcheur qui arrive ; son mât est orné d'une sorte de bouquet rustique, qui annonce que la pêche a été bonne. Allons le voir débarquer son chargement ; pendant qu'il louvoie pour entrer dans le port, nous aurons le temps de gagner la cale où il va s'arrêter.

Ces innombrables petits poissons sont des sardines. Comme cela doit être joli de voir courir ces flèches argentées dans les vertes profondeurs de la mer ! Mais c'est un spectacle que nous ne verrons jamais probablement, car la sardine se tient à une très grande distance de la surface de l'eau, et dès que les filets des pêcheurs l'ont arrachée à son humide séjour, elle meurt, noyée dans cet air qui est la vie pour tant d'autres. A chacun il faut son élément naturel, et la sardine n'est pas seule à périr dans une atmosphère que tant d'autres trouvent meilleure, mais qui n'est pas la sienne.

Qui ne les connaît, qui ne les a éprouvées plus ou moins, ces intimes souffrances d'une pauvre nature enlevée au milieu pour lequel elle avait été faite, et transportée tout à coup dans un monde où l'on ne parle plus le même langage, dans une atmosphère où l'on ne respire plus le même air !

La *sardine* appartient à la famille des *harengs*, et vit dans l'Atlantique boréal, dans la Baltique, dans la Méditerranée, et surtout aux environs de la Sardaigne, d'où lui vient son nom.

A certaines époques, déterminées par des causes fixes et bien connues des pêcheurs, elles paraissent sur nos côtes en troupes innombrables, et la Bretagne, à elle seule, n'emploie pas moins de mille à douze cents chaloupes à cette pêche lucrative. On prend les sardines avec des filets dans les mailles desquels elles s'embarrassent sans pouvoir s'en retirer ; car le poisson n'est pas constitué de manière à pouvoir reculer. Il n'en est pas de même parmi les hommes, qui savent très bien, eux, comment on s'y prend pour reculer, non seulement en face du danger, mais encore en face du devoir.

Voici un beau *bar*, il n'a pas moins de quatre-vingts centimètres de longueur. Son dos, d'un gris bleu à reflets d'argent, est surmonté d'une nageoire dont les neuf rayons aiguillonnés nous avertissent qu'il appartient à l'ordre des *acanthoptérigïens*[1]. Ce nom, un peu effrayant à première audition, vient, comme tous les termes techniques, de deux mots grecs qui signifient nageoires épineuses.

Ces poissons se trouvent en abondance dans l'Océan, et surtout dans la Méditerranée. Si vous en demandiez le nom à ce pêcheur, il vous dirait que c'est une lubine, car c'est ainsi qu'on l'appelle dans ce pays ; en Normandie on le nomme loup de mer, à cause de sa voracité ; en Provence, dréligny ; dans la Gironde, brigne. On peut bien pardonner cela aux ignorants, quand on songe à tout ce que les savants nous condamnent à apprendre de noms bien autrement baroques pour des lèvres françaises.

Le bar, quoique habitant des eaux salées, se plaît surtout

---

[1] Du grec *akantha*, épine, et *ptérygion*, nageoire.

à l'embouchure des fleuves et les remonte quelquefois à une certaine distance. On dirait que, fatigué de ces flots amers et toujours agités, il cherche des ondes plus douces et plus tranquilles.

Ce poisson blanc et si long, qui ne mesure guère moins de trois mètres, a reçu, en raison de ses nageoires pectorales assez semblables à des ailes, un nom quelque peu prétentieux, que la science et le vulgaire lui ont confirmé avec un accord rare entre eux. La première fois que j'en demandai le nom à un pêcheur, il me répondit que c'était un ange. Je pensai d'abord qu'il voulait rire, mais sa mine rébarbative n'en avait guère l'air; et, en effet, je trouvai dans un livre d'histoire naturelle que l'on donnait le nom d'ange à un poisson de l'ordre des *chondroptérygiens,* ou poissons cartilagineux, et de la famille des *sélaciens,* ressemblant aux squales par sa forme allongée, et aux raies par son corps déprimé et ses yeux verticaux.

Vous pourriez facilement vérifier ce rapprochement, car voici justement qu'on débarque des raies. Ce poisson vous est bien connu, car c'est l'un des plus communs sur nos marchés; mais en le voyant tel qu'il a l'habitude de paraître sur vos tables, vous ne vous doutez peut-être pas des proportions qu'il peut atteindre.

La *raie* mesure jusqu'à quatre mètres de longueur; et une espèce, la raie blanche ou cendrée, pèse souvent plus de cent kilogrammes. On dit même en avoir trouvé dans l'Atlantique qui ne pesaient pas moins de mille kilog.

La raie vit de poissons, de crustacés, de mollusques et de fucus; elle pond des œufs gros comme ceux d'une poule, et qui sont enveloppés dans une sorte de coque dure, noire, terminée aux quatre coins par des prolongements coriaces, qui souvent s'implantent dans le sable des grèves, où la marée les oublie.

Les poissons peuvent être pour beaucoup un aliment recherché, pour ceux qui les pêchent un objet de rapport considérable, pour ceux qui les verraient nager dans leur élément un coup d'œil agréable et intéressant. Mais rien n'est insignifiant comme un poisson hors de l'eau : ses couleurs se ter-

nissent, ses yeux se vitrent; mort ou mourant, il répand une
odeur infecte; enfin rien en lui n'excite l'intérêt ni la compassion. Un pauvre oiseau blessé nous inspire un vif sentiment
de pitié ; on voudrait rendre à ce joli petit être la vie qui pour
lui semble avoir tant d'attraits ; mais pour le poisson c'est tout
différent. De tout temps les poètes ont pleuré la mort d'un oiseau, celle d'une simple fleur; je ne sache pas qu'il s'en soit
jamais trouvé d'assez désœuvrés pour écrire une élégie sur
l'agonie d'un poisson.

Pourtant il souffre, lui aussi, et rien que cette considéra-
tion devrait lui constituer un droit à notre sympathie; comme
tant d'autres peut-être, lui aussi il tient à la vie, et les ondes
bleues ou vertes dans lesquelles il promène silencieusement ses
loisirs lui offrent sans nul doute autant de charmes qu'à l'oiseau les airs qu'il traverse en chantant. D'où peut venir cette
différence ? Peut-être de ce que le poisson vit dans un élément
qui pour nous est la mort... Peut-être aussi de cet éternel
silence dans lequel il naît , vit et meurt.

Beaucoup de personnes donnent indistinctement le nom de
poisson à tous les êtres qui habitent la mer; il y en a cependant une grande quantité qui n'appartiennent ni à la classe
des poissons, ni même comme eux à l'embranchement des ver-
tébrés. Les articulés, les mollusques et surtout les zoophytes
y comptent une immense quantité de leurs représentants.

Voici deux individus qui appartiennent aux *articulés;* ce
sont des *crustacés,* que vous reconnaissez sans peine, quoique
au sortir de l'eau ils n'aient point cette belle couleur rouge
sous laquelle ils font leur apparition sur nos tables.

Le *homard* et la *langouste* sont assez semblables au premier abord pour que beaucoup de personnes, se fiant au genre
grammatical donné arbitrairement à ces deux crustacés, les
prennent pour le mâle et la femelle d'une même espèce; en
réalité, ils sont proches parents, mais cependant quelques différences les distinguent.

Le homard est muni de deux pattes antérieures dont les
bords internes sont garnis de dents redoutables pour ceux qui
se trouvent pris dans cette robuste pince. Il vit de poissons et
de mollusques, se tient dans les trous des rochers, et habite la

Méditerranée, l'Océan et les mers d'Amérique ; il pèse jusqu'à six à sept kilog. ; mais les gourmets vous diront que les meilleurs sont ceux qui n'atteignent qu'une moyenne grosseur, et que, pour les avoir très particulièrement fins et délicats, il faut les prendre au mois de mai, lorsqu'ils exécutent leur mue.

Vous savez que les crustacés changent d'enveloppe selon les besoins de leur croissance. Cette enveloppe calcaire qui les recouvre n'est pas extensible comme la peau de l'homme et des autres animaux, aussi sont-ils obligés de s'en débarrasser lorsque leur corps a pris plus de développement. Pour beaucoup cette opération est périlleuse, et, sans compter les labeurs de la mue en elle-même, il y a encore pour les crustacés le danger de tomber sans cuirasse sous la dent de leurs innombrables ennemis.

La langouste diffère extérieurement du homard par la couleur de sa carapace, qui est nuancée de rouge, de jaune, de brun et de verdâtre ; par ses pattes, qui sont toutes semblables et privées de la redoutable pince de l'autre crustacé ; son arme, à elle, ce sont les deux pointes acérées qu'elle porte sous les yeux, et qui peuvent faire de profondes blessures. On trouve des langoustes dans toutes les mers des régions tempérées ou intertropicales. L'hiver elles se retirent dans les profondeurs de la haute mer ; mais au printemps elles s'approchent des rivages pour déposer sur les rochers les œufs que la femelle porte attachés sous son abdomen par des filets nommés fausses pattes. Ces œufs sont d'un très beau rouge, très petits et innombrables ; pendant les vingt jours que la femelle les porte avec elle, ils grossissent quelque peu ; puis elle les abandonne au gré des flots, qui les bercent et les caressent pendant une quinzaine de jours, après lesquels il en sort un petit individu si peu semblable à celui dont il est né, que pendant longtemps on l'a complètement méconnu. Une série de curieuses métamorphoses finit par donner à cet être singulier l'apparence de celle qui fut sa mère, si toutefois la maternité consiste uniquement à donner le jour à un être quelconque, et si les mille soins dont on entoure sa faiblesse ne sont pas le véritable caractère et le signe distinctif de la vraie maternité.

CHAPITRE XV

Cette longue bande sombre qui s'étend à l'horizon, comme une ligne de démarcation entre le ciel et l'eau, c'est Noirmoutier. Par une illusion d'optique fréquente en mer, on croirait que cette île n'est qu'à quelques kilomètres; pourtant il n'y a pas moins de qautre lieues de traversée, et, lorsque les vents sont contraires, il faut presque une demi-journée pour franchir cette petite distance.

Aujourd'hui nous n'avons point à redouter ce désagrément; nos matelots nous affirment que les vents sont faits pour nous, qu'ils nous mèneront et nous ramèneront à souhait. Croyons-les sur parole, car ils connaissent leur affaire; et d'ailleurs la confiance en elle-même est une si belle chose! Quel dommage de rencontrer si souvent sur son chemin des êtres dont la mission en ce monde semble être d'assassiner au fond du cœur cette naïve crédulité, qui est à l'âme loyale ce que le parfum est à la fleur. Quand on est jeune, on est naturellement crédule; on se doute si peu qu'il puisse exister chez les autres une duplicité dont soi-même on n'a pas l'idée! Qu'y a-t-il de plus crédule que l'enfant? et quel malheur, quelle faute, d'abuser de cette candeur de l'esprit pour le tromper en mille manières! Avec les années, avec les désenchantements qu'apporte chacune d'elles, vient la défiance, cette triste sœur de l'expérience, qui déflore, qui dépoétise toute chose ; et en face de l'enfant qui croit tout et tous, rit de pitié le vieillard qui se défie de tout et de tous. Pauvre vieillard, plaignez-le ; car ce sourire succède peut-être à bien des larmes, ce désenchantement à bien de douces illusions ! Le cœur le plus incrédule est peut-être celui qui a cru plus que tous les autres...

Mais voilà qu'on nous fait signe de nous embarquer, et cette coquille de noix va nous conduire jusqu'à la coquette chaloupe qui nous attend en se balançant doucement dans les eaux bleues, où le soleil levant jette quelques tons rosés. Les hommes sont à leur poste, l'un au gouvernail, les deux autres aux voiles ; car notre équipage se compose en tout de trois matelots ; les cordages crient sur les poulies, la voile monte lentement le long du mât, le patron parle à ses hommes un langage maritime qui est bien un peu de l'hébreu pour nous ; mais ces termes étranges ont bercé leur enfance ; aussi voyez comme tous les ordres s'exécutent avec intelligence et rapidité sur notre petit bord. Tout est prêt ; on lève l'ancre... Nous voilà partis. Entre l'abîme et nous quelques planches, un peu de toile, quelques cordages... ; mais au-dessus de nous l'intelligence de l'homme, et plus haut encore le regard de Dieu.

Pour qui n'est pas sujet à cette affreuse souffrance du mal de mer, est-il rien de charmant comme de se sentir ainsi porté sur cette moelleuse surface, qui s'entrouvre juste assez pour vous laisser passer sans vous engloutir ? Je sais bien qu'il n'en est pas toujours ainsi, et que, dans ses profondeurs infinies, la mer creuse trop souvent des abîmes d'où l'on ne revient pas ; mais ce sont des accidents plus rares qu'on ne pourrait le croire, en songeant à l'immense quantité d'embarcations de toutes sortes qui la sillonnent d'un port à l'autre ; et l'Océan, grâce à Dieu, ramène au port plus de navires qu'il n'en engloutit.

Pour beaucoup de personnes, un voyage en mer semble une chose d'une épouvantable monotonie. Toujours de l'eau ! Toujours de l'eau, c'est vrai, et c'est heureux même, car un navire qui touche, comme ils disent, fait vraiment une triste figure ; mais de plus cette eau, qui varie à chaque instant d'aspect ou de couleur selon qu'elle est calme ou agitée, éclairée ici par le soleil, assombrie là-bas par un nuage ou par la présence de rochers à peine recouverts ; cette eau, qui pas un instant n'est semblable à elle-même, offre encore aux yeux qui veulent regarder le spectacle si intéressant des milliers d'êtres divers qui se jouent dans ses ondes transparentes.

Plus on avance en mer, plus l'eau est limpide. Il fait toujours bon s'éloigner de la terre, s'éloigner des hommes. Loin d'eux tout prend un aspect différent, tout grandit, tout s'épure, tout s'ennoblit, et l'âme, dégagée des entraves auxquelles la condamnent les exigences de la société, distraite des tristes tableaux dont la vue la blesse à chaque instant, s'élève dans une sphère meilleure où l'image de Dieu plane plus lumineuse et plus prochaine. Quitter les hommes ! quel beau rêve, surtout quand on a su de bonne heure le peu qu'ils valent, et quand, le cœur tout meurtri de leurs coups, on craint de faire souffrir à d'autres ce que soi-même on a souffert ! Car nul n'est parfait en ce monde, et ceux qui gémissent des travers de l'humanité seraient doués d'un orgueil insensé s'ils ne se comptaient pas eux-mêmes comme membres de cette pauvre humanité, et ne déploraient plus encore que les douleurs dont ils ont souffert, celles qu'ils ont pu faire souffrir à d'autres.

Mais quelles idées noires ! Serait-ce un commencement de mal de mer ? Non, c'est plutôt le mal de la terre... Allons, le ciel est bleu, le soleil resplendit sur les flots tranquilles.

Le cap sur Noirmoutier !

« Attention à bâbord ! » nous crie notre patron. Cela veut dire en français de regarder à gauche. Ce sont des marsouins, comme ceux que nous avons vus la semaine dernière. Ici, tout près de notre embarcation, quelque chose de blanc flotte entre deux eaux. Si tout n'était pas étrange dans la mer, on pourrait dire que c'est singulier ; mais nous sommes dans le pays du merveilleux, nous pouvons admirer, non nous étonner.

La *méduse* est pourtant une être bizarre, on ne peut s'empêcher de le dire. A voir cette masse ronde, gélatineuse, ornée de tentacules qui font assez bien l'effet d'un chou-fleur renversé, on pourrait penser que c'est une de ces plantes innombrables dont la mer est remplie. Pourtant c'est un animal, un être vivant, organisé, un être qui marche, se reproduit et exécute la plupart des fonctions propres aux êtres supérieurs. Son organisation toutefois est assez sommaire. Elle appartient à la classe des *acalèphes*[1], dans l'embranchement des *zoophytes*[2], et se compose d'une calotte gélatineuse appelée ombrelle, au-dessous de laquelle sont attachés des pédicules de formes et de grandeurs variables selon les espèces. L'organe locomoteur est représenté par les dentelures de l'ombrelle, qui se soulèvent et se referment avec une certaine grâce, au gré de l'animal. Dans l'eau, la méduse se revêt quelquefois de brillantes couleurs; mais lorsque la vague l'a déposée à terre, c'est une masse informe, qui se putréfie promptement; de plus, dans les temps chauds, le contact de ces zoophytes avec la peau de l'homme cause des démangeaisons semblables à celles que produit l'ortie.

La méduse a reçu ce nom en raison de sa forme, qui rappelle un peu celle d'une tête humaine, et des filaments dont certaines espèces sont entourées, et qui ressemblent aux serpents dont la mythologie couronnait cette fabuleuse Gorgone.

Si singulier que soit l'aspect de la méduse, il y a plus singulier encore, c'est son genre de reproduction ; elle semble se soustraire à l'arrêt sans appel en vertu duquel tout être créé doit reproduire des êtres semblables à lui-même. Je n'ai pas vu, mais j'ai lu qu'un naturaliste avait vu des œufs de la méduse *aurita* donner naissance à un infusoire qui, plus tard, se transforma en une sorte de polype de la forme d'une coupe, lequel, par un bizarre phénomène, se partagea spontanément en plusieurs parties dont chacune devint une méduse différente de la méduse *aurita,* et finit par revenir à ce type primitif après avoir subi de si étranges métamorphoses. D'autres observateurs ont affirmé avoir vu des méduses naître de différentes espèces de polypes.

Ces faits inexpliqués, mais que la science trouvera bien

---

[1] Du grec *acaléphe,* ortie.

[2] Du grec *zôon,* animal, et *phyton,* plante.

quelque jour moyen d'expliquer bien ou mal, ont été réunis sous le nom de génération alternante, et sont bien une des plus étonnantes découvertes des observateurs modernes.

Voyez-vous là-bas cette balise plantée sur des rochers ; elle est là pour avertir les navigateurs de passer au large de ces dangereux récifs, sur lesquels la mer écume en ce moment, mais qu'elle recouvre parfois d une nappe d'eau suffisante pour les dissimuler. J'aime à croire que cette balise a empêché plus d'un accident ; mais je suis heureuse aussi de voir qu'elle n'est pas moins utile aux oiseaux, ces navigateurs aériens qui n'ont pour voilure que leurs ailes, pour boussole que leur admirable instinct des courants, et pour lieu de refuge sur l'immensité des mers que le sommet des grands mâts ou des balises égarées.

Les échelons de celle-ci sont couverts d'oiseaux de toutes sortes, et sur le haut vient se poser un *cormoran*. C'est un oiseau de la taille d'une oie domestique, brun foncé, avec quelques marques blanches. Il appartient à la tribu des *pélicanidés*, famille des *totipalmes*, ordre des *palmipèdes*, et son nom lui vient de deux mots italiens, *corvo marino*, corbeau de mer. Comme tous les oiseaux aquatiques, il est admirablement conformé pour la natation ; ses pieds, entièrement palmés, lui permettent de se tenir facilement sur l'eau, où son long bec va chercher les poissons dont il se nourrit, et qu'il met en réserve dans la poche membraneuse de sa gorge ; son plumage lustré, imbibé d'un produit huileux et garni à la base d'un épais duvet, est complètement imperméable. La nature est prévoyante.

Quoique assez bon voilier, le cormoran s'éloigne peu des côtes ; il vit en troupes nombreuses, et peut-être aime-t-il à revenir souvent vers le rocher au creux duquel son nid fut caché jadis. A terre il est aussi maladroit qu'il est agile dans l'air ou sur le flot qu'il effleure ; il reste des heures sans remuer, aucun bruit ne semble l'effrayer, et il se laisse prendre sans songer à user pour s'enfuir de la puissance de sa belle aile satinée.

Les Chinois emploient le cormoran à la pêche, et pour cela ils lui placent au cou un anneau qui le met dans l'impossibilité d'avaler le poisson qu'il a saisi, et que le maître retrouve intact dans sa poche de réserve. Les Chinois pêchent au cormoran, comme jadis nos pères chassaient au faucon.

Ces oiseaux qui rasent le flot sont des *bernaches,* espèce du grand genre *canard,* de la famille des *lamellirostres,* et de l'ordre des *palmipèdes* [1]. L'*anas leucopsis,* l'espèce la plus commune en France, a le manteau cendré, le cou noir, les pieds gris, le reste du corps blanc. Une fable ridicule fait naître cet oiseau de l'anatife, animal bizarre de l'ordre des cirrhipèdes, qui vit sur les corps immergés. Malgré la singularité de cette génération alternante dont nous parlions tout à l'heure à propos de la méduse, rien n'est moins digne de foi que cette légende. Dans les classes très inférieures de la société animale il peut se rencontrer de ces anomalies incompréhensibles, que l'avenir expliquera plus tard, comme on l'a fait pour les mystérieuses transformations des insectes; mais dans les êtres supérieurs on ne trouve aucune de ces bizarreries de la nature, et la science fait facilement justice de ces erreurs populaires.

Sur ce rocher que la mer en se retirant laisse à découvert, voici des *goélands.* Ils appartiennent à la famille des *longipennes* ou grands voiliers; on les rencontre souvent à d'énormes distances en mer; mais quand le temps doit être mauvais, l'instinct de conservation les rapproche de la côte, et souvent même ils s'enfoncent profondément dans les terres.

Ce sont de méchants oiseaux, lâches, criards et tellement voraces qu'ils dévorent indistinctement; outre les poissons et les mollusques, tous les débris organiques qu'ils rencontrent sur les rivages. Ne nous en plaignons pas, cette fois encore leurs intérêts et les nôtres sont communs : ce sont les balayeurs des grèves.

Voyez-vous là-bas quelque chose comme un flocon de neige qui s'enfonce dans la vague, reparaît, puis plonge de nouveau pour reparaître encore? Ce sont des *mouettes,* oiseaux très voisins des goélands, vivant et se nourrissant de la même façon. Habiles nageuses, les mouettes se posent sur le flot,

---

[1] Du latin *pedes,* pieds, et *palmati,* palmés.

dont elles suivent les capricieuses ondulations, tout en pê-
chant les vers et les poissons qu'elles aperçoivent de fort
loin; puis elles vont se réunir sur les rochers voisins, pour
y tenir leurs bruyants conciliabules. Comme les goélands, elles

1. Goéland. — 2. Fou-boubie.

sentent venir la tempête, et remontent le cours des fleuves
à de grandes distances. J'en ai vu sur la Loire à Tours,
au moment où les grands vents de l'équinoxe bouleversaient
l'Océan.

Mais voici que nous approchons de Noirmoutier. Les algues
flottent plus nombreuses sur l'eau, et les côtes se dessinent

nettement à nos yeux. Cette côte est splendide ; les rochers, bizarrement accumulés, sont couverts de verdure, de lichens, de fougères, de bruyères en fleur, et couronnés par un bois de chênes verts que la mer doit blanchir de son écume au moment des grandes marées. Quelle admirable végétation au bord de l'Océan !

Débarquons bien vite sur cette plage immense, dont le sable est si doux et si fin, et, sans perdre un instant, gravissons ces rochers et gagnons le bois.

Le *chêne vert* est un bel arbre qui n'atteint pas les proportions gigantesques des chênes de nos pays, mais dont le port est très particulièrement élégant ; son feuillage n'est pas aussi gracieusement découpé, mais il est toujours vert, et la durée, dans un monde où tout passe, est chose digne de remarque.

Ce chêne est un habitant des terres sablonneuses et des pays chauds ; aussi sa présence ici vous indique que cette île jouit d'un climat privilégié.

En effet, le climat maritime est plus doux et surtout plus égal que celui de l'intérieur des terres. La mer, toujours agitée, s'échauffe peu en été, se refroidit peu en hiver, et communique sa propre température aux vents qui l'effleurent ; de sorte que ces vents, si changeants et si funestes parfois pour les terres, sont toujours tièdes au bord de la mer, et portent aux îles, surtout à celles qui, comme Noirmoutier, ont peu d'étendue, en été la fraîcheur, en hiver une chaleur relative, qui rappelle la douce température de l'Italie.

On voudrait habiter une île, ne trouvez-vous pas ? Toutefois la pensée d'être constamment entouré d'eau a bien quelque chose d'attristant, quelque chose qui fait froid au cœur, comme les murailles d'une prison.

Noirmoutier, il est vrai, n'est pas tout à fait une île ; une langue de terre la relie au continent à la marée basse. Un pays qui ne tient à la terre ferme qu'à certaines heures, et, pour ainsi dire, du bout du pied, vraiment c'est comme un rêve ; et si chacun était libre de choisir sa voie, si mille et mille raisons n'influaient pas sur les destinées de ceux mêmes qui semblent les plus indépendants, je m'étonnerais que tout le monde n'habitât pas Noirmoutier. Mais, s'il en était ainsi, que deviendrait cette douce sauvagerie, cette solitude pour laquelle surtout on aspire vers une terre isolée, délaissée de la foule! Tout est donc pour le mieux.

A nos pieds un petit rosier à feuilles finement découpées étale ses rameaux, chargés de baies noires, sur le sable où il n'a point à craindre les pas des promeneurs. Cette espèce de rosier n'atteint point les proportions de ceux de nos pays; sa fleur, toute blanche, toute simple, n'a point les mille couleurs de celles qui remplissent nos jardins, mais elle se trouve bien où elle est et telle qu'elle est. Dans la solitude où elle passe ses jours, en face de l'Océan qu'elle entrevoit à travers les brins d'herbe voisins, et dont la blanche écume doit quelquefois venir la visiter, elle a eu tout le loisir de songer et de voir que le bonheur est partout pour qui sait se contenter de la faible part que le Ciel lui a réservée.

Demandez à ce beau papillon qui voltige autour de nos têtes.

Les papillons! on pourrait croire qu'il ne s'en trouve aucun dans cette île, et, tout au contraire, c'est par centaines qu'on les rencontre à chaque pas, plus grands, ce me semble, et plus vigoureux que nulle part ailleurs. Voyez comme ils ont l'air de peu s'apercevoir de notre présence, et ne vous offusquez pas de cette sorte d'indifférence; c'est, à mon avis, le plus touchant hommage qu'ils puissent nous rendre. Est-ce donc si glorieux d'inspirer la terreur à tous ceux qui vous approchent? Ne souhaitez jamais qu'on vous craigne; tâchez plutôt qu'on vous aime; vous aurez moins de sécurité, je le sais bien; car ceux qui ont le triste talent de se faire redouter sont vraiment les seuls qui n'aient rien à redouter eux-mêmes; mais leur bonheur est misérable, et ils ne soupçonnent même pas les douces et intimes jouissances d'une affection confiante et sans arrière-pensée.

Regardez ces papillons, et dites-moi si vous ne trouvez pas charmant de les voir tout près de nous, faire miroiter leurs belles ailes de toutes couleurs aux rayons de ce beau soleil, qui est fait pour eux autant que pour nous. On dirait qu'ils ont conscience de la liberté avec laquelle ils peuvent errer au milieu de ces pauvres insulaires, qui n'ont peut-être même jamais songé à les regarder. Décidément l'homme a gâté tout ce qu'il a touché; et je crois maintenant plus que jamais aux récits des navigateurs qui racontent qu'aux extrémités du monde, là où nul n'a encore passé, les animaux n'éprouvent pour l'homme qu'un sentiment de curiosité sans mélange d'effroi.

Mais quand ils le connaissent, quand ils voient son fer sanglant, sa poudre meurtrière, jeter la mort parmi leurs troupes inoffensives, alors ils le fuient, ou bien encore ils se mesurent avec lui, et les solitudes polaires, comme les sables brûlants de l'équateur, pourraient raconter les lamentables histoires de ces luttes sanglantes.

Gardons-nous de détruire la douce quiétude de tous ces beaux papillons dont les airs sont sillonnés; leurs larves, quand reviendront les beaux jours, dévoreront bien quelques feuilles de chêne, quelques brins d'herbe, quelques tendres pousses de rosier; mais la nature est assez fertile pour réparer bien vite ces insignifiants ravages, et, d'ailleurs, ici comme dans nos pays, elle a ses gardes champêtres et ses exécuteurs des hautes œuvres. Laissons-la se faire justice à elle-même, et qu'aucun deuil ne marque notre passage ici!

Ce grand papillon brun clair, semé de taches noires, et dont le dessous des ailes semble vert, est l'*argynne pandore*. Les différentes espèces du genre *argynne* sont difficiles à distinguer quand on les voit en dessus, leurs taches étant disposées d'une façon extrêmement peu variable; mais la face inférieure de leurs ailes est ornée de plaques nacrées dont la forme et la grandeur peuvent les faire reconnaître assez facilement. Celle que nous venons de voir a sur le dessous des ailes inférieures une bande argentée, une bande nacrée, cinq ou six points blancs et deux autres bandes nacrées ondulées. Comme la plupart des autres argynnes, elle habite les bois, et son vol rapide la rendrait difficile à atteindre si nous avions la fantaisie de nous livrer à cette chasse meurtrière. Sa chenille épineuse vit sur les violettes, se cache le jour et mange la nuit.

On ne rencontre guère cette belle espèce que dans le Midi, et sa présence ici, comme celle du chêne vert, est encore une preuve de la douceur du climat dont jouit cette île. Quel dommage de n'en pas être le Robinson !

Voici un vulcain, tout semblable à ceux que nous avons vus en juillet dans notre pays ; car les insectes d'une même espèce ne diffèrent en aucune sorte les uns des autres ; et c'est une chose digne d'attention, dans un monde où des êtres bien inférieurs à celui-là ont leur physionomie particulière, personnelle pour ainsi dire. Deux brins d'herbe cueillis sur le même pied ne sont pas absolument pareils ; deux feuilles sur la même branche ne sont ni de la même grandeur, ni de la même couleur, ni exactement de la même forme ; un oiseau ne ressemble jamais si absolument à un autre de même espèce qu'un œil habitué à les voir ne puisse les reconnaître. Un amateur d'animaux de toutes sortes, le compagnon de route de M. de Candole, a dans son cabinet trois grenouilles vertes qui s'y promènent en toute liberté ; chacune a son nom, et jamais il ne confond au premier coup d'œil Gothon avec Rikiki ou avec Robinson.

Et tous les insectes se ressemblent ! Est-ce une erreur de nos yeux, trop imparfaits pour apprécier de petites dissemblances ? ou bien cette similitude existe-t-elle véritablement, et n'est-elle pas le résultat de cette loi des métamorphoses qui ne laisse point à l'insecte né parfait le soin de se pourvoir lui-même ?

A côté de ce vulcain qui s'enfuit sans se demander comme nous pourquoi il ressemble à tous ses frères, voici les blanches piérides que l'on trouve en tout temps et en tout pays ; le citron, ce beau papillon jaune qui tournoie dans l'air comme une feuille de peuplier jaunie emportée par le vent ; une aurore avec ses ailes blanches marquées de coins jaunes ; une lichenée qui s'enfonce sous l'épais feuillage d'un chêne ; une libellule ou plutôt des centaines de libellules, les æshnes, qui sont les grands voiliers parmi les insectes.

Les oiseaux chantent dans toutes les branches ; les chardonnerets, ces mignonnes fleurs vivantes, font entendre leur petite phrase toute naïve et toute joyeuse ; le merle siffle sa dernière chanson ; les diptères, affairés ici comme ailleurs, cherchent avec inquiétude les corolles parfumées qui se font rares maintenant, car l'été s'en va, et avec lui se flétrissent les fleurs aimées des insectes ; quelques feuilles mortes, quelques fougères séchées gémissent sous nos pas ; et les airs sont traversés en tous sens par les aigrettes argentées qui emportent les semences des composées où Dieu sait bien. Beaucoup seront perdues, l'Océan les engloutira. Il prend bien aux pauvres mères les fils qu'elles lui ont confiés !

Pour beaucoup de plantes c'est déjà la saison des graines ; cette période moins attrayante assurément, quoiqu'elle soit tout à la fois le souvenir et l'espérance, est le moment le plus intéressant de cette petite plante que nous foulons aux pieds. Sa graine affecte absolument la forme d'une croix de Malte. Saluons en passant cet insigne des braves, et songeons que la terre a bien mérité de le porter sur son sein ; car elle accomplit courageusement, et sans se lasser, la grande mission que le Créateur lui a départie.

La plante qui porte cette graine singulière appartient à la famille des *zygophyllées* [1] ; elle donne des fleurs jaunes et croît dans le Midi, de préférence dans les terrains arides. Son nom scientifique est *tribulle terrestre* ; son nom vulgaire, herse ou croix de Malte.

Si les fleurs pour la plupart sont éphémères, en voici une qui fait exception à cette loi fatale, en vertu de laquelle les fleurs se flétrissent et meurent si vite, comme les illusions, comme le bonheur, comme les beaux jours et tout ce qui est beau. Son nom redit toute son histoire. On l'appelle *immortelle !*

Immortelle, une fleur, tandis que tout passe sur cette terre qui passe elle-même !

Immortelle ! N'est-ce point comme une amère dérision à la brièveté de toute chose ! et l'âme humaine, à qui seul Dieu a donné ce privilège de l'immortalité, ne doit-elle pas elle-même, avant d'aller en jouir là-haut, voir sa dépouille terrestre subir ici-bas cette fatale loi de la mort, à laquelle rien de vivant ne peut se soustraire !

L'immortelle vit plus longtemps que les autres fleurs ; mais

---

[1] Du grec *zeugnumi*, je joins, et *phyllon*, feuille.

il n'est pas besoin de vous dire que cette immortalité relative est bien restreinte, et qu'elle n'est, pour ainsi dire, que la conséquence naturelle du peu de fraîcheur de cette plante. Elle naît, grandit et demeure sèche comme vous la voyez aujourd'hui, que l'époque de la maturité est venue pour elle. On dirait une fleur artificielle, et son parfum même n'a rien qui sente la vie; il fait plutôt penser à la mort.

Peut-être est-ce parce qu'une pieuse coutume l'a placée sur la tombe des amis regrettés, comme emblème du souvenir qu'on leur conserve, et qui, trop souvent, hélas! se fane longtemps avant la fleur.

Avez-vous remarqué déjà, mes enfants, le rapport intime qui existe entre les parfums et les souvenirs? Une odeur connue, respirée autrefois, c'est tout un monde qui se révèle devant vous, plus vaporeux, plus invisible pour les autres que cette invisible senteur. On revit de sa vie passée; on se retrouve dans les sentiers où l'on courait sans soucis à quinze ans, savourant la fraîche odeur des foins coupés; on se penche sur une rose tout au fond de laquelle dort une cétoine enivrée de soleil et de parfums; on voit onduler l'herbe sur laquelle le vent jette, comme une neige odorante, les blanches fleurs de l'acacia; on entend dans la prairie le chant monotone du pâtre qui ramène ses troupeaux à l'étable; tout près, les oiseaux gazouillent dans les branches verdoyantes où se joue la brise qui chante à sa manière; et par-dessus ces chants, confus comme en un rêve, la voix d'une mère, d'une sœur, de tous les êtres qui ne sont plus, passe, plus distincte, plus sonore et plus aimée. Oh! les parfums! que de choses ils vous rendent dans leurs mystérieuses effluves, bien douces, mais, hélas! bien éphémères!

L'immortelle a pour moi des senteurs toutes remplies de tristes souvenirs. Sur une tombe dont le temps a bruni la croix de pierre croissaient, sans que personne songeât à les tailler jamais, quelques pieds de cette pâle fleur des morts. Ils avaient grandi et couvraient toute la tombe, lorsqu'une autre s'ouvrit auprès de celle-ci. C'était l'aïeule qui venait retrouver l'enfant bien-aimé. L'immortelle allongea ses branches et les enchevêtra dans celles du rosier qui fleurissait sur cette tombe

nouvelle, comme pour unir jusque dans la mort l'enfant et le
vieillard qui s'étaient tant aimés sur terre.

Un soir d'automne, à l'heure où le soleil couchant caressait
d'un dernier rayon les vieux murs de l'église rustique, je
visitai ces deux tombes. Le rosier commençait à perdre ses
feuilles, mais quelques fleurs s'ouvraient encore, pâles et frissonnantes, au sommet de ses branches dépouillées; l'immortelle était couverte de capitules dorés, dont quelques aigrettes,
emportées par le vent, allaient s'implanter dans les tombes
voisines. Je n'ai jamais oublié la suavité du parfum mélangé
de ces deux fleurs, c'est pour moi comme le souffle immortel
des morts.

Les parfums! vraiment c'est la voix la plus éloquente qui
rappelle les jours envolés! Je ne puis passer près d'un bois de
pins et de genêts sans me trouver en esprit au pays où s'est
écoulée mon enfance, dans ces grandes sapinières qui ont
projeté leur ombre mélancolique sur mon berceau, peut-être
aussi sur mon esprit.

L'odeur des lilas me donne envie de pleurer; elle me transporte vers un épais et silencieux bosquet où j'ai passé les meilleurs instants de ma vie, dans l'affectueuse contemplation d'une
âme, la plus belle, la plus noble, la plus sainte que jamais
j'aie rencontrée sur ma route. Pauvre enfant! Tandis que ses
mains dans les miennes, la tête appuyée sur mon épaule, elle
me racontait les intimes souffrances par lesquelles Dieu ache-
vait de purifier son cœur trop tôt mûr pour le ciel, les lilas
agités par le vent, qui la faisait frissonner elle-même, secouaient
leurs fleurs parfumées sur sa blonde chevelure. Comme nous
étions loin de songer alors que la mort viendrait la prendre
avant qu'un nouveau printemps fît épanouir ces mêmes fleurs
dans ce bosquet où sa place est vide!

Et maintenant la saison des lilas est une époque de deuil
pour moi; il me semble aspirer avec leur parfum le parfum
de cette âme trop tôt envolée.

Les souvenirs! les souvenirs! Ah! vous ne savez pas encore
cela, vous jeunes filles; mais vous verrez bientôt qu'il vient
un âge où la vie semble n'être plus qu'un reflet de la première moitié écoulée. L'âme, désabusée de toute chose, lasse

Bruyères des landes de Bretagne.

de croire, lasse d'espérer, se réfugie dans le souvenir, et fait le silence autour d'elle pour écouter l'écho du passé, qui lui rapporte quelques notes des chants joyeux de sa jeunesse. Cet âge n'est pas le même pour tout le monde : pour les uns il vient de bonne heure; il vient tard pour d'autres; pour quelques-uns il ne vient jamais. Puissiez-vous être de ce nombre, mes enfants! puisse la vie vous être toujours assez douce pour que les tristesses du présent et les soucis de l'avenir ne vous obligent pas à replier votre cœur vers les souvenirs de vos jeunes années pour trouver un peu de bonheur!

Revenons à notre immortelle. Celle-ci n'est pas celle qu'on emploie pour faire les couronnes mortuaires, elle est plus petite et ses capitules un peu moins dorés. On l'appelle du nom scientifique d'*hélichryse* des sables, et on la range dans la sous-tribu des *gnaphaliées*[1], tribu des *sénécionidées*, famille des *composées*.

A côté de l'immortelle, et presque aussi persistante qu'elle, voici la *bruyère*, la fleur de la solitude par excellence, et l'une de celles que j'aime entre toutes. Ne trouvez-vous pas un charme tout particulier à cette petite plante qui, sans soins, sans culture, couvre de son tapis vermeil les grandes landes désertes, ou le sol des tristes sapinières? Les terrains les plus arides lui sont bons; elle écarte les pierres pour pousser et sourit au soleil, dont les grands pins lui laissent à peine arriver quelques pâles rayons.

Le genre *erica* ou bruyère renferme un grand nombre d'espèces, mais quelques-unes seulement sont indigènes en France. Les horticulteurs en connaissent et en propagent un grand nombre d'espèces exotiques qui donnent des fleurs d'une beauté remarquable. J'en ai souvent autour de moi; mais leur charme particulier ne m'a jamais fait dédaigner ces humbles espèces qui, loin des regards, à l'abri des bois de sapins ou sur les rochers arides des montagnes, grandissent sous l'œil de Dieu, et agitent à tous les souffles du vent leurs grelots empourprés, dont le bruit discret accompagne le cri monotone du grillon.

---

[1] Du grec *gnaphalion,* cotonnière.

L'heure nous presse, et sous ces beaux ombrages nous oublions que la marée n'attend pas, ou que le vent peut changer. Pressons le pas...; la vie n'est qu'une course perpétuelle, jusqu'au repos abso'u de la mort.

Cette vaste plaine qui s'étend là-bas, entrecoupée de petits ruisseaux qui la divisent en plates-bandes de formes variées, ce sont les marais salants. Les eaux de la mer sont amenées par des pentes habilement ménagées dans des bassins, dont la profondeur va toujours en diminuant, et au fond desquels l'eau, en s'évaporant sous la double action de l'air et de la chaleur, dépose le chlorure de sodium qu'elle tenait en dissolution. Une population nombreuse, et le plus souvent misérable, travaille à l'exploitation de ces salines. Ne regardons pas de trop près la manière dont les choses se passent.

Donnons plutôt un rapide coup d'œil à cette mare d'eau douce où s'agitent les dytiques bruns ou verts; où nagent avec rapidité les notonectes, dont les deux longs balanciers ressemblent à des avirons; où tournent en tous sens, comme d'agiles patineurs, les gyrins, semblables à des perles d'acier. Une bergeronnette vient de se poser sur cette motte de terre qui surnage au milieu de la mare; sa longue queue se balance au-dessus de l'eau, tandis qu'elle-même s'y désaltère; enfin, sur le bord du fossé, près des tiges desséchées de la jusquiame, qui laisse tomber ses graines noires tout autour d'elle, les salicaires, aux feuilles oblongues comme celles du saule, élèvent leurs crosses de fleurs pourpres, qui vont bientôt se flétrir, auprès des hautes tiges de l'eupatoire, le long desquelles s'enroule le liseron aux fleurs d'albâtre. Les insectes puisent au fond de cette coupe évasée une petite gouttelette de rosée oubliée par le soleil.

Merci pour eux, mon Dieu, merci de cette goutte de rosée, qui les désaltère pendant les ardeurs de cette brûlante journée. Si vous prenez ainsi soin de ces petits, que ne pouvons-nous attendre de votre bonté, nous, les privilégiés parmi tous les êtres sortis de vos mains!

Et maintenant, petits oiseaux, chantez pour remercier, vous aussi, le Ciel qui vous a gardé dans cette profonde corolle un des pleurs qu'il a répandus cette nuit. Chantez, et demain vous viendrez encore vous désaltérer ici; mais si, dans la blanche coupe où vous avez bu tout à l'heure, quelque pauvre mortel, quelque triste cœur en deuil laissait tomber ses larmes, petits oiseaux, passez, les larmes sont amères.

CHAPITRE XVI

Enfin, voici la marée, la grande marée équinoxiale! Cette nuit, tandis que nous dormions à quelques pas de la mer, ses flots bruyants montaient, montaient, et, poussés par le vent d'est, escaladaient, tout blancs d'écume, les digues que la main de l'homme a opposées à leurs efforts.

Pendant quelques heures les bâtiments à l'ancre dans le port ont dû élever leurs grands mâts plus haut que les maisons voisines, puis le niveau a baissé doucement, progressivement; docile au joug de cette main puissante qui soutient les mondes dans l'infini de l'espace, l'Océan s'est retiré. A perte de vue la plage est à sec, des rochers presque toujours submergés élèvent au-dessous du sol leurs têtes étranges, tout étonnées de voir le ciel, et là-bas, tout là-bas, les flots apaisés, et comme fatigués de leurs efforts de cette nuit, dorment silencieux sur leur lit de sable humide.

Des légions de pêcheurs se dispersent sur ces rochers, où la mer doit avoir oublié tant de choses dans sa fuite.

La marée basse! Je ne sais rien au monde de plus intéressant. Sans doute, quand du fond de l'horizon accourent, tumultueuses et empressées, ces grandes vagues semblables à des rangées de coursiers blancs d'écume qui viennent se briser

contre les rochers, ou mourir impuissantes contre le grain de
sable que le Créateur avait en vue lorsqu'il donnait des limites
à l'Océan, c'est beau, c'est imposant, c'est grandiose, comme
l'idée que notre faible intelligence peut se faire de Dieu lui-
même ; mais lorsque les flots se sont retirés, et que le soleil
fait scintiller sur la plage quelques flaques d'eau cachées dans
les trous d'un rocher, alors, sans doute, la majesté disparaît,
elle se recule, pour ainsi dire, avec les vagues dans les lointaines profondeurs de la mer ; mais l'intérêt commence, et ce
sentiment ne fatigue pas le cœur comme l'admiration.

Voyez plutôt, chacun de nos pas va nous montrer quelque
chose de nouveau, et lorsque l'Océan, réclamant ses droits,
nous chassera pied à pied de sa demeure, que nous parcourons pendant son absence, nous n'aurons pas vu la centième
partie de ces merveilles, plus nombreuses que les grains de
sable sur cette plage immense. Hâtons-nous.

Ce sable lui-même mérite bien de nous occuper une seconde.
Avant d'être cette couche moelleuse faite de grains imperceptibles pour la plupart, il a été semblable à ces cailloux roulés
que voici, à ces galets de toutes couleurs, à ces roches énormes
qui forment les hautes falaises des rivages maritimes. L'eau,
cette puissance infinie dans sa faiblesse apparente, a détaché
de la côte un bloc, qui s'est brisé dans sa chute ; la vague, de
sa dent mordante, l'a rongé sur tous les points, l'a séparé, de
ses fragments divers elle s'est fait une arme contre lui ; leur
frottement les a amincis, a brisé les angles qui coupaient la
vague et à son tour la divisaient ; puis un jour elle a réussi à
les déplacer, elle les a emportés dans ses courses folles le long
de tous les rivages, et avec le temps, cette autre puissance
destructive, elle a fait du fier rocher qui la bravait l'humble
grain de sable qui cède à tous ses caprices.

Des coquillages de toutes sortes, de toutes couleurs, émaillent
la plage, comme les petites fleurettes nos prairies ; des légions
de crabes de toute grosseur s'enfuient à notre approche, et
vont se cacher sous les pierres, où les pêcheurs s'aventurent
à les poursuivre ; dans toutes les flaques d'eau glissent les
crevettes transparentes, rapides comme les libellules dans
l'air ; des moules, par légions innombrables, accrochées aux

rochers qu'elles recouvrent entièrement, attendent que la mer
vienne leur apporter leur aliment de chaque jour; enfin,
parmi les madrépores, les coquillages de toutes sortes, vivants
ou morts, les varechs ruisselants, les astéries échouées et
languissantes, les actinies ouvrent lentement leurs fleurs
bizarres, qui se referment dès qu'on les a touchées.

Et sur cette plage que couvriront bientôt plus de vingt pieds
d'eau, un enfant peut errer en toute sécurité à la recherche
de ces mille curiosités avec lesquelles il joue, en attendant
qu'il puisse les comprendre. Vous avez passé cet âge heureux,
mais insignifiant, où les plus belles choses ne sont qu'un jeu;
vous avez atteint celui où l'on est si porté à tout admirer, à
tout aimer; eh bien, dites-moi, lorsque l'on tient dans sa main
le plus petit de ces êtres qui, comme nous, naît, grandit.
aime à sa manière, et puis meurt, ne se sent-on pas plus
près de Dieu que quand on le cherche dans l'infini de l'Océan,
ou dans la sombre majesté de la tempête?...

L'admiration rapproche, l'amour seul unit.

Cette roche grisâtre, sur laquelle nous marchons sans crainte
de glisser, doit ses rugosités à la présence d'innombrables
madrépores que le temps a multipliés. Ces tubes réguliers,
dont tous les orifices sont symétriquement dirigés dans le même
sens, ce sont les habitations d'un être si singulier que, pendant
des siècles, on n'a pas su auquel des trois règnes de la nature
on devait le rattacher. On en a fait tour à tour une pierre, une
fleur, un minéral végétant, un animal. Chaque savant le re-
vendiquait pour sa science favorite. Enfin, des travaux assez
récents et très minutieux ont classé les madrépores dans l'embranchement des *zoophytes,* classe des *polypes,* ordre des
polypes à polypiers, famille des *polypiers corticaux,* tribu
des *lithophytes*[1]. Si l'on a mis le temps à trouver cette définition, il faut reconnaître que rien n'y manque.

Les madrépores sont les constructeurs de l'univers, comme
d'autres animaux en sont les destructeurs. Et voyez ce que
peuvent l'union et la patience. Ces polypes, si petits, si inférieurs comme organisation, ont accompli ce que les hommes,

---

[1] Du grec *lithos,* pierre, et *phythos,* plante.

avec leur intelligence et tous les moyens dont ils disposent, n'ont jamais entrepris : ils ont créé des mondes.

Leurs débris, accumulés par le temps, ont fait surgir des profondeurs de la mer des récifs, des îles sur lesquelles

Madrépore.

l'homme un jour est venu planter sa tente. L'océan Pacifique est hérissé de ces îles madréporiques, dont le nombre s'augmente chaque jour, et de ces récifs nouveaux qui se surexhaussent lentement et augmentent les dangers de la navigation dans ces mers lointaines. Qui le croirait? ces petits êtres inoffensifs, immuables, ce sont des conquérants; mieux que

cela, des fondateurs d'empires, et les empires qu'ils créent
ainsi sont faits de leur propre substance! Un jour, jour mystérieux que Dieu seul connaît, un de ces petits êtres, fixé sur
quelque corps submergé, vit naître sur lui-même un être
semblable à lui, comme des bourgeons qui se développent en
nombre indéterminé sur un seul rameau, d'autres individus
vinrent se grouper autour des premiers, et, dans les silencieuses profondeurs de l'Océan, cette multiplication incessante
a pris de formidables proportions. La nature avait tout prévu :
ces petits conquérants, destinés à jouer un rôle si important
dans l'univers, avaient de nombreux et puissants ennemis
auxquels leur faiblesse personnelle n'aurait pu résister; il leur
fallait au moins des armes défensives; alors la base de leur
corps a exsudé une substance calcaire qui, se soudant aux pro-
ductions semblables des êtres voisins, a produit ces masses
pierreuses, dures comme la roche sur laquelle elles sont agglo-
mérées, et qui sont pour le polype une cuirasse et une maison.

Ce sont les assises de mondes nouveaux, de mondes toujours
croissants, car le travail de ces innombrables légions est inces-
sant. On ne connaît pas la durée de l'existence de chaque polype; qu'importe? Petit ouvrier dans le grand œuvre de l'univers, il périt, mais son travail reste, et les siècles ne peuvent
anéantir ce travail d'un être qui n'a vécu que quelques jours.

Ainsi font les hommes, les hommes d'intelligence et de
cœur. Citoyens du grand empire de la pensée, ils apportent à
l'édifice du monde la pierre qu'ils ont taillée, polie, sculptée
à la sueur de leur visage; puis ils succombent, ils passent,
et d'autres prennent leur place. Mais tandis que leur poussière, mêlée à la poussière de la terre, s'envole à tous les
vents des cieux, leur pensée subsiste impérissable, servant
de base à la pensée des autres qui, à leur tour, montent
plus haut encore, plus haut toujours.

A côté des roches grises où se multiplient les madrépores,
voici des roches entièrement noires; on dirait qu'une main
délicate les a recouvertes d'un épais tapis de velours pour en
adoucir les dures aspérités. Ce sont des *lichens*. Des volumes
entiers ont été écrits sur ces plantes mystérieuses; et, pour le
dire en passant, ce sont, dans la nature, les êtres les plus

infimes qui ont toujours eu le talent d'exciter au plus haut degré l'intérêt des savants. Le cèdre est le roi de la création végétale, et l'on s'en préoccupe à peine ; le lichen, au contraire, est bien une des plantes les plus modestes, les plus minimes ; et une multitude de savants de tous les pays se sont évertués à en rechercher les nombreuses espèces, à les distinguer, à les décrire, à les classer. A-t-on parlé de la baleine comme on a parlé du plus microscopique de ces animalcules dont les eaux sont remplies, et sur le compte desquels on est encore loin d'avoir tout dit ? Les savants, d'ailleurs, ne sont pas seuls à subir cet irrésistible attrait de l'infiniment petit ; le cœur, plus encore que l'esprit, aspire à posséder, à renfermer en lui-même les objets qu'il aime ; et la mère, en face de son fils qui la dépasse de toute la tête, dit encore comme au jour où elle le berçait dans ses bras : « Mon cher petit. »

On connaît environ deux mille espèces de lichens, distinguées les unes des autres par des caractères tellement subtils que les profanes s'y perdent complètement ; les érudits eux-mêmes s'y trompent bien quelquefois, et parmi ceux qui ont consacré leur existence tout entière à l'étude unique de cette plante, on aurait peine à en trouver deux qui fussent absolument du même avis. Il faut dire à leur décharge que les lichens sont d'étranges personnages, qui semblent se soustraire aux lois générales des végétaux, un peu à la manière des méduses dans le règne animal. Selon les conditions où il se trouve placé, tel lichen produit une plante différente de lui-même, une sorte de contrefaçon, qui donne lieu à des méprises réputées graves parmi les lichénographes.

Quoi qu'il en soit de ces erreurs, on sait sur le compte des lichens une foule de choses intéressantes et sans appel. Les conditions les plus favorables pour leur végétation sont la lumière, la chaleur et l'humidité. Cette dernière condition surtout est indispensable ; car le lichen, réputé à tort plante parasite, ne fait que s'attacher au corps sur lequel il se place, et l'humidité atmosphérique lui fournit seule sa subsistance. Il a d'ailleurs une force vitale étonnante : après une longue dessiccation il peut reprendre vie dans des conditions favorables, et l'on cite un individu de la sous-tribu des *parméliées* qui, après

avoir passé un an dans un herbier, ressuscita tout à coup, ou
plutôt reprit sa vie suspendue, lorsque le hasard l'eut rendu à
la vivifiante humidité. On dirait que le lichen ne peut mourir ;
c'est comme l'espérance au fond du cœur humain.

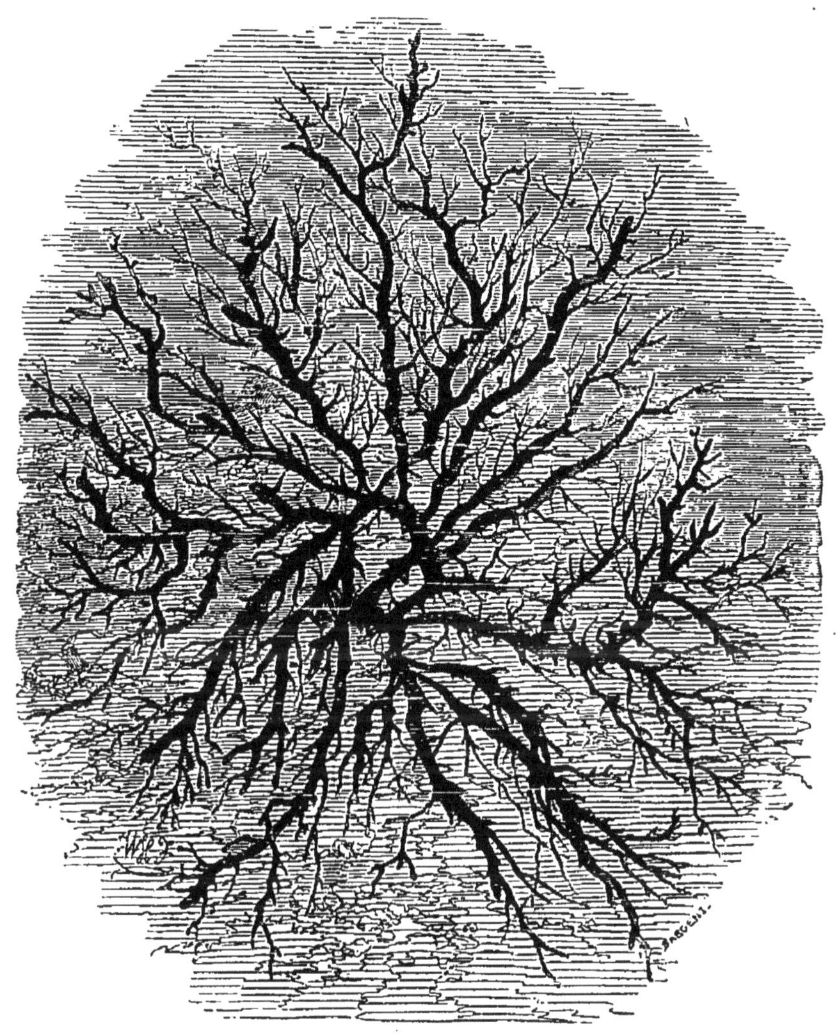

Algue (dasyphlæa tasmanica).

Plus étranges encore que les lichens sont les *algues,* ces
plantes dont les nombreuses espèces habitent les eaux douces
et les eaux salées de toutes les parties du monde. Leur organisation est des plus rudimentaires, et quelques-unes même
semblent totalement dépourvues des principaux organes de la
vie végétale. Comme les lichens, avec lesquels elles ont, du

reste, plus d'un point de ressemblance, les algues, ou, pour parler plus scientifiquement, les phycées, ont donné lieu depuis quelque temps à de patientes recherches de la part des savants. J'ai lu quelque part la liste de ceux qui ont écrit sur le compte de ces plantes; il y en a soixante-six, je les ai comptés.

Vous pensez bien que nous ne nous embarquerons pas à leur suite dans cette voie où il est si facile de s'égarer; nous nous contenterons de recueillir quelques notes, qui nous paraîtront plus intéressantes que leurs minutieux travaux anatomiques.

Les phycées forment avec les champignons, les lichens, les mousses, les fougères et quelques autres familles moins importantes, le grand embranchement des plantes *acotylédones*[1], ou *cryptogames,* les plus simples en organisation de tout le règne végétal.

Pour les phycées, ce n'est pas seulement l'humidité qui est nécessaire, c'est l'eau, dans laquelle elles puisent leur nourriture, non par des organes particuliers, mais par l'ensemble de leur être. Hors de leur élément naturel elles se dessèchent et meurent promptement, sans pouvoir reprendre vie à la façon des lichens et des mousses.

Tout porte à croire que les algues sont les premières plantes qui aient paru à la surface du globe. Cette hypothèse, assez bien justifiée par les lois physiques, s'admet d'autant plus volontiers quand on songe à l'admirable progression de cette création dont l'homme est le dernier terme. Les algues sont les plus simples de tous les végétaux, c'est comme un essai d'organisation. Mais Dieu est parfait en toutes ses œuvres, et si de tout temps on a considéré comme le plus habile celui qui, avec les plus petites causes, produit les plus grands effets, ne faut-il pas reconnaître que la puissance divine est encore plus éclatante dans la création de ces plantes microscopiques qui, si petites qu'elles soient, existent et se reproduisent depuis des milliers d'années, que dans la création de ces géants de nos forêts, auxquels il faut tant d'organes différents pour accomplir ce seul et même phénomène de la vie?

[1] Sans cotylédons.

Pour vous donner une idée de ce que sont les infiniment
petits, ce nouveau monde, cette Amérique dont le microscope
a été le nouveau Colomb, figurez-vous que pour couvrir une

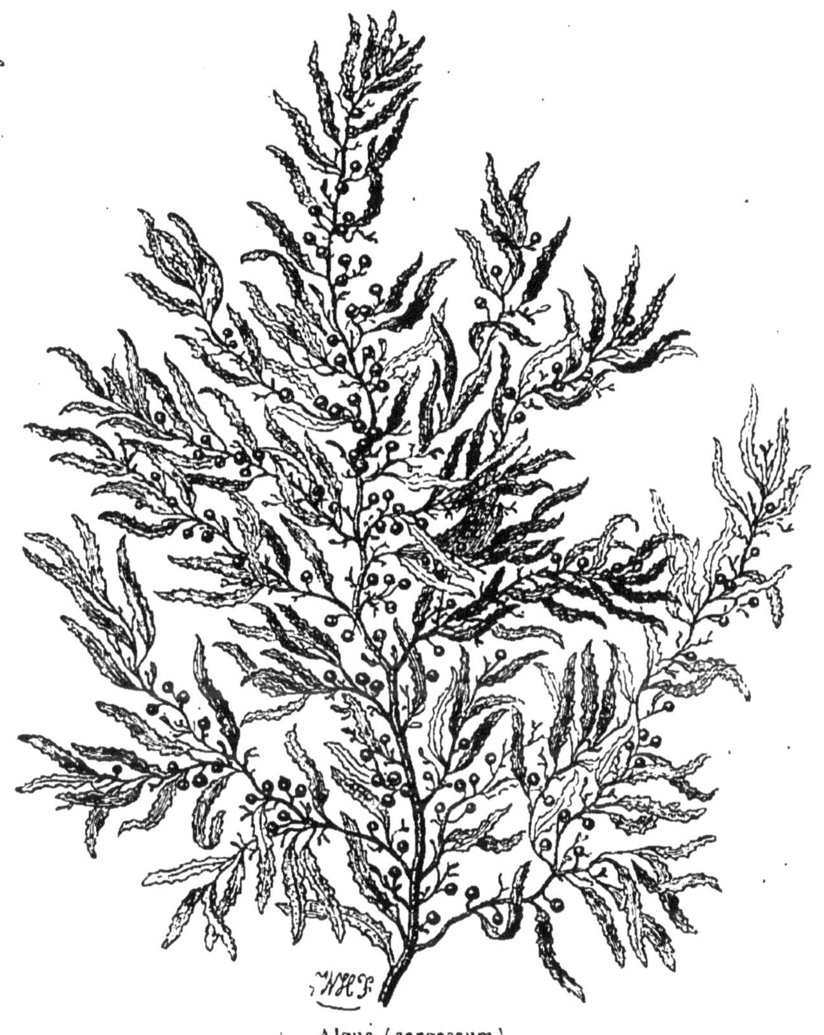

Algue (sargassum).

surface d'un millimètre carré il ne faudrait pas moins de cinquante mille individus du genre *protococcus,* le plus élémen-
taire de la famille des *phycées;* et quand vous saurez que ces
plantes arrivent à colorer en rouge-sang la mer dans une étendue évaluée à huit kilomètres carrés, vous pourrez compter
combien de millions de millions de ces êtres flottent dans l'immensité des océans. Que sont à côté de cela les quelques mil-

liers d'étoiles de la voie lactée, ce grand fleuve de feu qui court dans l'immense lac azuré du firmament! L'infinie grandeur n'est-elle pas dans l'infinie petitesse!

Si les phycées renferment les êtres les plus inférieurs en organisation, cette même famille en contient d'autres plus élevés dans l'échelle végétale. Quelques-uns, comme les *sargasses,* présentent une organisation assez complète; d'autres, comme le *macrocystis* des mers australes, atteignent jusqu'à cinq cents mètres de longueur; d'ailleurs les dimensions des algues sont en rapport direct avec l'étendue des mers qu'elles habitent.

Dans un monde où nous savons que rien n'est inutile, on peut se demander quels sont les usages de ces végétaux si prodigieusement multipliés au sein des mers. A-t-on compté jamais les épis de blé dans les champs, les brins d'herbe dans les prairies, les grains d'odorante poussière dans les étamines des fleurs où s'en vont butiner les abeilles? De même que les blés mûris, l'herbe verte et le pollen des corolles entr'ouvertes nourrissent l'homme, l'animal et l'insecte, de même les phycées nourrissent les innombrables cohortes d'animaux de toutes sortes qui paissent dans les vastes prairies flottantes des océans.

Tout se tient dans cette admirable chaîne qui relie les uns aux autres les différents ordres de la création; et comme nous avons vu les humbles plantes fourragères indispensables aux bestiaux qui labourent les sillons dans lesquels germent les épis dont l'homme fait son pain, de même les algues, bien plus modestes que la luzerne, le trèfle et le sainfoin, alimentent au sein des eaux ces myriades d'herbivores qui, à leur tour, deviennent la proie des carnassiers en attendant que, de transformation en transformation, ils arrivent jusqu'à l'homme, le dernier terme de ce *crescendo,* de cette longue ascension de toute chose créée, au-dessus duquel plane seul l'infini de Dieu.

Ce n'est pas seulement comme plantes nourricières des herbivores marins que les algues sont importantes; l'industrie humaine a su les utiliser pour ses besoins. Certaines espèces sont employées comme fourrage et même comme alimen-

parmi les pauvres peuplades de l'Écosse et de l'Irlande; d'autres constituent un mets recherché en Amérique et en Chine, où l'on tire encore de quelques autres espèces de la colle, du vernis et des lames minces, diaphanes, qui remplacent le verre de nos pays, le mica de quelques autres.

La médecine emploie plusieurs algues pour le traitement de certaines maladies; enfin la chimie a donné les moyens d'extraire de plusieurs espèces l'iode et la soude, dont les emplois sont innombrables dans la médecine et l'industrie moderne.

Quand vous présentez vos riants visages à l'objectif d'un instrument de photographie, vous doutez-vous que cette plaque sur laquelle votre image vient se poser ait quelque chose à voir avec ces grandes herbes que le flot roule là-bas? C'est ainsi pourtant, ces algues sont le commencement de votre photographie; et vraiment je les regarde d'un œil reconnaissant, car c'est grâce à elles que, plus tard, lorsque les événements de la vie vous auront emmenées loin de moi, je pourrai contempler ces gentilles physionomies, qui me rappelleront de doux souvenirs.

Les deux espèces de phycées qui tapissent de leur singulier feuillage olive les rochers que nous parcourons appartiennent à la famille des *fucacées*. C'est le *fucus vésiculeux* et le *fucus serrateux*, que sur les côtes on désigne indistinctement sous le nom de goémon ou de varech, et qu'on emploie comme engrais.

On a souvent rêvé, parmi les hommes, au moyen de changer de place sans avoir à regretter de laisser derrière soi ce confortable de la maison, ces douceurs du chez soi vers lequel l'esprit revient toujours avec bonheur, si joyeusement que l'on soit parti. Voici un petit individu qui a plus de chance que l'homme; il porte partout avec lui son humble maisonnette, de sorte qu'en quelque lieu qu'il se transporte il est toujours chez lui. Je ne sais s'il apprécie à sa juste valeur cet immense avantage; d'ailleurs, il faut bien le dire, il y a aussi un mauvais côté dans son affaire; cela finit par être embarrassant de porter toujours sa maison sur son dos, et la lenteur avec laquelle marche, ou plutôt se traîne, ce trop heureux propriétaire, semble assez dire que tout n'est pas rose dans la vie, même pour un pauvre colimaçon.

Celui que nous appelons de ce nom peu scientifique est un *mollusque*[1] de la classe des *gastéropodes*[2], et il lui est arrivé, à lui comme à tous ses congénères, d'avoir pendant des siècles échappé à l'intérêt que la science prenait uniquement à sa maison. Le mollusque, mou, comme l'indique son nom, d'un aspect qui n'a absolument rien de séduisant, ne pouvait manquer de passer inaperçu à côté de cette enveloppe résistante, si jolie de forme et de couleur, dont il est revêtu; et pour lui, comme pour les madrépores, il lui est arrivé de ne subsister que par ses œuvres.

A-t-il le droit de s'en plaindre, et n'est-ce pas la loi commune aux hommes eux-mêmes? Et moi qui vous parle, mes chères petites, moi qui depuis huit mois consacre mes loisirs à écrire pour vous ces causeries, que vous lirez en quelques heures, n'aurai-je pas cessé de vivre depuis longtemps lorsque plus tard vous relirez ces lignes pour y retrouver le souvenir de votre heureuse jeunesse, qui se sera si vite effeuillée !

La coquille des mollusques est sécrétée par leur peau, et se compose de trois parties distinctes : le test, la nacre et l'épiderme; tous les accidents de plis, lames, stries, boursouflements, que l'on remarque sur la coquille, ainsi que la coloration si variée, dépendent de la manière dont s'est opérée cette sécrétion. Toutefois la couleur est le plus souvent altérée par le contact de l'eau et des matières étrangères qu'elle tient en dissolution; et, pour retrouver cet éclat si vif que l'on n'observe guère qu'à l'intérieur, il faut frotter vivement l'enveloppe extérieure, ou, mieux encore, la traiter par un acide, qui enlève la couche terreuse dont les coquillages sont le plus souvent ternis.

Voici notre petit mollusque qui s'enfonce sous le varech humide, où déjà se trouvent en abondance les buccins de toutes formes et de toutes couleurs, fortement appliqués

---

[1] Du latin *mollis*, mou.
[2] Du grec *gaster*, ventre, et *pous, podos*, pied.

contre le rocher. Laissons-le poursuivre sa tranquille promenade. Sait-il lui-même où il va?

Regardons maintenant ces coquilles qui ressemblent à de
petits chapeaux ; ce sont encore des mollusques. On leur donne
une foule de noms différents; le véritable est *patelle,* et leur
arbre généalogique les place dans l'ordre des *cyclobranches*[1],
classe des *gastéropodes.* Ces petits mollusques ont une force
d'adhérence extraordinaire; lorsqu'ils se sentent touchés, ils
appliquent si fortement leur muscle charnu au rocher, qu'il
est impossible de les en détacher. Les pauvres gens qui les
récoltent, qui les cueillent, pour ainsi dire, savent bien qu'avec
eux il faut employer la ruse plutôt que la violence; ils introduisent brusquement une lame de couteau sous la coquille, et
le pauvre mollusque, ainsi pris au dépourvu, est enlevé sans
résistance.

Encore un mollusque! Cette coquille dont les deux valves
entr'ouvertes sont à demi enfoncées dans le sable renfermait
jadis, hier encore peut-être, un *acéphale*[2] de la famille des
cardiacés[3]. Aujourd'hui sa maison seule nous reste comme
témoignage de son passage en ce monde. Si vous demandiez à
cette femme courbée sur le sable ce qu'elle cherche avec tant
de soin, elle vous répondrait qu'elle cherche des coques; c'est,
en effet, le nom populaire de ce mollusque, dont le nom véritable est *bucarde-sourdon;* on le reconnaît facilement à ses
deux valves égales, bombées, ridées de vingt côtes transver-
sales, et présentant assez bien la forme d'un cœur.

Arrêtons-nous ici quelques instants, car voici la plus gracieuse surprise que la mer pouvait nous ménager : une roche
gigantesque, rongée par la dent de la vague, couverte de
madrépores, de coquillages, vivants ou morts, splendidement
tendue de varechs, qui retombent en longs festons de toutes
couleurs, et creusée au milieu d'un trou large, peu profond
et rempli d'eau! Un brillant rayon de soleil traverse cette
flaque transparente, et nous montre, comme dans un aquarium habilement préparé, les êtres de toutes sortes que la

---

[1] Du grec *kyclos,* cercle, et *branchia,* branchies.
[2] Du grec *a* privatif et *képhalé,* tête.
[3] Du grec *kardia,* cœur.

mer a oubliés là, et que bientôt elle viendra de nouveau visiter.

Il faudrait un jour entier pour examiner un peu à son aise tout ce que renferment ces quelques gouttes d'eau, et nous n'avons qu'un instant, car le flot plus bruyant nous avertit qu'il faut nous hâter.

Tout au fond du rocher remarquez ces herbes si élégantes de forme, si brillantes de couleurs. Les unes ressemblent à des fougères microscopiques; d'autres ont l'air de larges pétales arrachés à des roses de toutes couleurs; quelques-unes sont semblables à des rubans de satin d'un vert clair et luisant : ce sont des algues de la famille des *floridées*. Des mollusques de toutes sortes, buccins, hélices, limnées et autres, traînent au milieu de cette forêt en miniature leurs coquilles vivement colorées; une astérie échouée sur le bord allonge une de ses branches pour gagner cette eau, hors de laquelle la mort l'attend; un crabe, effrayé de notre arrivée, s'en va de côté cacher sa vilaine carapace sous un rocher, d'où s'enfuient les crevettes, si vives qu'à peine on les distingue dans cette eau dont elles ont un peu la couleur et presque la transparence; un crapaud de mer, animal bizarre et fantastique, dilate dans un coin obscur sa tête difforme et sa bouche presque effrayante; enfin des actinies de toutes couleurs tapissent les côtés de cet aquarium naturel, en attendant que les caresses du flot qui monte fassent épanouir les étranges pétales de ces fleurs vivantes.

Nous avons vu déjà une multitude de buccins sur les rochers où nous avons passé; en voici un qui me paraît tout différent des autres. Au lieu du pied grisâtre et charnu sur lequel les premiers se traînaient avec une sage lenteur, je vois sortir de cette coquille ovale, qui est pourtant bien roulée et striée comme celle du buccin ondé, des pattes munies de pinces qui ne ressemblent en rien aux appendices locomoteurs des mollusques.

C'est que nous sommes ici en présence d'un fait qui, malheureusement, n'est pas plus rare sur terre que sur mer. Combien connaissez-vous de gens qui habitent la demeure qu'ils ont fait bâtir pour eux-mêmes? De nos jours, où l'on aime tant le changement, on vend ou l'on achète une maison comme une paire de gants. Cependant il y a encore quelques personnes pour qui le toit qui les a vues naître est comme une espèce de sanctuaire où la présence de l'étranger leur semble une douloureuse profanation. Pour ceux-là la maison fait partie d'eux-mêmes, et si le malheur ou la méchanceté des hommes les en chasse, alors Dieu sait que de tristesse ils en éprouvent!

Et voilà sans doute quel a dû être le sort de ce pauvre petit buccin; il avait tiré de sa propre substance cette maison qui, sans l'avoir vu naître, devait au moins le voir mourir; il l'avait proportionnée à sa taille, à ses goûts, à ses besoins; et puis un jour un ennemi plus fort et plus adroit est venu la lui disputer. Le combat n'a pas été long avec des armes si inégales, et le vainqueur, comme on a tant dit de nos jours, a couché sur ses positions. *Væ victis!* C'est toujours la même chose, qu'il s'agisse d'une province, d'un empire ou d'une humble coquille. Ce vainqueur est peu sympathique; pourtant il faut bien vous dire au moins son nom, et un peu son excuse.

On l'appelle communément Bernard-l'ermite, et scientifiquement *pagure*. C'est, comme le homard, un *crustacé*[1] *décapode*[2] de la famille des *macroures*[3]; il atteint à peine la taille de l'écrevisse, et son abdomen cylindrique, dépourvu de téguments solides, lui permet de s'enrouler dans la coquille des buccins pour se garantir des ennemis contre lesquels il ne pourrait lutter. L'invasion chez lui est donc une question de sécurité : voilà son excuse. Lorsque la maison devient trop petite pour lui, il en sort, sans regret probablement, et va, sans plus de façon, se loger dans une autre plus proportionnée à ses nouvelles dimensions.

Voici notre crabe de tout à l'heure qui s'ennuie sous son rocher, et se remet en marche juste à temps pour que nous puissions l'examiner un peu et savoir à quelle espèce il appartient. C'est celui que les pêcheurs de ce pays appellent *le nageur*, en raison de la facilité que lui donnent pour la natation ses pattes postérieures, aplaties en forme de rames. Il s'avance hardiment dans la haute mer, où il commet de nombreux

---

[1] Du latin *crusta*, croûte.
[2] Du grec *deca*, dix, et *pous*, pied.
[3] Du grec *makros*, long, et *oura*, queue.

méfaits pour satisfaire son appétit carnassier. Son nom scientifique est *étrille*.

Cet autre, dont la forme est presque carrée, est le *grapse madré*, l'habitué des côtes de Bretagne; il est d'un jaune sale, d'une taille relativement grande, et se tient presque toujours caché sous les pierres; on prétend qu'il s'aventure sur les rivages et qu'il s'enfonce sous l'écorce des arbres.

Les crabes sont extrêmement communs dans toutes les mers, et leurs espèces nombreuses se trouvent à chaque instant dans le filet du pêcheur ou sous les pas du promeneur. L'un d'eux, le *pinnotère*[1], qui encombre les plages à marée basse, choisit pour résidence la coquille de la moule comestible, où on le rencontre en abondance, surtout pendant l'été.

Le *crapaud* de mer, dont le nom scientifique est *cotte*, est l'un des êtres les plus singuliers que l'on puisse voir sur cette côte, où il est assez commun; son corps, blanc, vert, jaune, armé de nageoires disproportionnées qui ressemblent à des ailes, est de plus orné, si l'on peut se servir de ce mot en pareil cas, d'une tête énorme dont la bouche s'ouvre démesurément et avec un bruit perceptible lorsqu'il veut respirer hors de l'eau. Personne n'a jamais eu l'idée de manger ce hideux animal, et lorsqu'au printemps il quitte les eaux profondes pour venir se cacher sous les varechs de la côte, les pêcheurs l'évitent avec soin, en raison des blessures profondes que peuvent faire ses nageoires épineuses.

Voici plus affreux, plus répugnant encore que le crapaud de mer; c'est une *aplysie*[2], *mollusque* du genre des *gastéropodes tectibranches*[3]; il faut vraiment y regarder de près, et surtout ne pas oublier que la mer fourmille d'individus étranges, pour penser que cette masse brune est un être vivant, organisé, et même très bien organisé, pourvu de trois estomacs et de tous les appareils nécessaires à une existence très complète.

On avait donné à ces animaux dans l'antiquité le nom vulgaire de *lièvres de mer*, que les pêcheurs leur conservent

---

[1] Du grec *pinna*, pinne marine (mollusque), et *theraô*, je cherche.

[2] Du mot grec *aplusia*, saleté.

[3] Du latin *tectus*, couvert, et *branchiæ*, branchies.

encore, et que justifie assez bien leur forme bizarre. Comme
quelques autres mollusques, l'aplysie fait suinter des bords
de son manteau une liqueur pourpre qui trouble l'eau autour
d'elle quand on l'attaque. Si vous la touchiez du bout du
pied, vous verriez aussitôt l'eau si transparente de cette petite

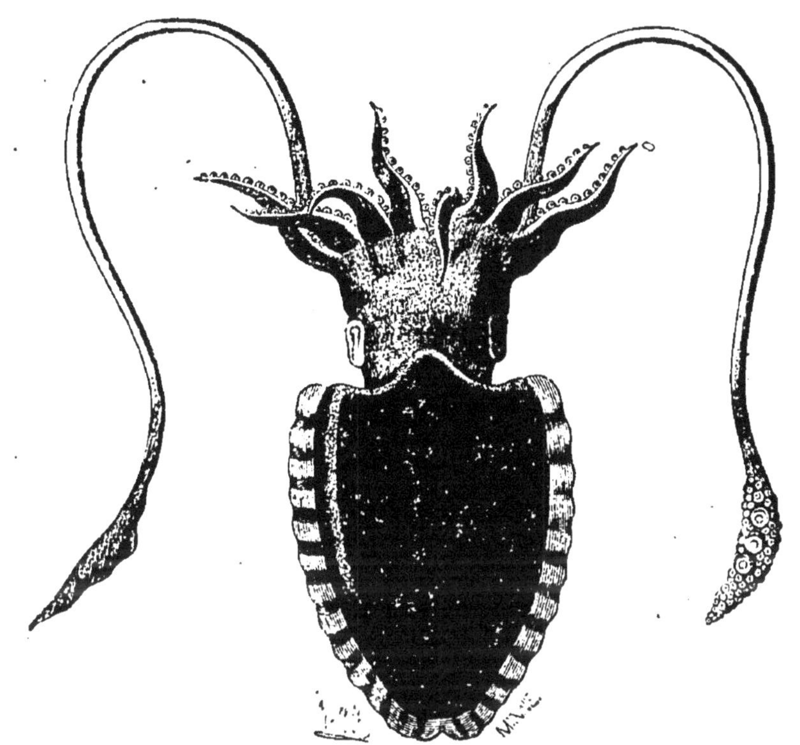

Seiche commune.

flaque se transformer en une mare couleur de sang. Les
hommes, qui ont trouvé moyen de faire servir à peu près
toute chose à leurs besoins, utiliseront peut-être un jour cette
couleur âcre, nauséabonde, mais d'un ton pourpre très remarquable, comme ils ont utilisé celle que nous donne la
seiche. Les aplysies ne sont pas moins communes que cet
autre mollusque, et l'on peut se faire une idée de leur prodigieuse multiplicité, en considérant ces paquets de filaments
blanchâtres que l'on trouve sur les plages basses, et que les
pêcheurs appellent du nom significatif de vermicel de mer.
Ce sont les œufs de ces étranges animaux, et, selon toute
apparence, l'espèce n'est pas près d'être anéantie.

Pendant que nous en sommes aux animaux dont l'aspect n'a rien de séduisant, donnons un coup d'œil à cette *seiche* qu'un pêcheur vient de jeter sur le sable, où elle va bientôt périr. Elle appartient au genre *céphalopode*[1]; sa tête porte deux branchies et des bras armés de ventouses à leurs extrémités, deux gros yeux semblables à ceux des poissons, et une bouche armée de deux mâchoires cornées, en forme de bec de perroquet. Son dos est recouvert d'un os libre, spongieux et léger, de forme ovale, destiné à protéger les viscères de ce mollusque; enfin une vessie logée près du cœur renferme cette liqueur brune, commune aux poulpes et aux calmars, qui leur sert comme un moyen de défense, et qui, desséchée et convenablement préparée, fournit aux arts cette jolie couleur *sépia* si aimée des paysagistes.

La *crevette,* ou du moins le gentil petit *crustacé* auquel on donne improprement ce nom, est le *palémon,* que les naturalistes rangent dans la section des *salicoques,* genre *écrevisse,* famille des *macroures décapodes.* Rien n'est plus joli à voir courir dans les eaux que ce petit crustacé, si estimé des gourmets. On en pêche plusieurs espèces sur nos côtes : l'une, le *palémon à scie,* prend à la cuisson une couleur rose plus ou moins intense; l'autre, le *palémon squille,* conserve sa couleur indécise, qui le fait nommer crevette grise dans les ports de la Manche ou de l'Océan, où on le rencontre souvent en abondance.

L'*astérie,* ou étoile de mer, est un *zoophyte*[2] *échinoderme*[3] très commun sur nos côtes. On en trouve deux variétés, l'une couleur orange et l'autre d'un beau violet. Lorsque le flot les a déposées sur le rivage, les astéries restent complètement immobiles, et semblent entièrement privées de vie; mais dès que la marée montante les a touchées, elles agitent les nombreux tentacules qui garnissent le dessous de leurs rayons, et à force de contractions, gagnant quelques pouces de terrain à chaque caresse de la vague, elles finissent par aller au-devant de ce flot bienfaisant qui est pour elles la vie et le bonheur.

---

[1] Du grec *kephalé,* tête, et *pous, podos,* pied.
[2] Du grec *zóon,* animal, et *phyton,* plante.
[3] Du grec *echynos,* épine, et *derma,* peau.

Sur tous les rochers que nous avons parcourus jusqu'ici vous avez remarqué ces masses brunes, semblables à des outres fermées, dont l'aspect n'a vraiment rien de bien attrayant. Notre petit aquarium en est tapissé sur toutes ses faces. Il y en a de brunes, de vertes, de rouges, unies ou pointillées de différentes couleurs; quelques-unes sont entièrement couvertes de petits coquillages, de débris de plantes, qui semblent y être incrustés. Agitez doucement l'eau avec votre main, et vous allez voir. Trompées par ce mouvement, qui leur semble celui de la marée montante, voici que toutes elles ouvrent à l'envi leurs tentacules multicolores. Sous cette mince couche d'eau, l'on dirait un parterre dont les fleurs diverses s'épanouissent aux rayons du soleil. Voici des œillets rouges comme le feu, en voici de roses; voici des bruyères aux fleurs longues et nuancées de vert et de rose tendre, comme celles que l'on cultive dans les serres; voici des corolles de toutes les formes, de toutes les couleurs, de toutes les grandeurs. Étranges animaux, qui s'épanouissent comme des fleurs! Étranges fleurs, qui vivent à la façon des animaux!

Maintenant que toutes ces *anémones* sont fleuries, dites-moi si vous reconnaîtriez, dans ces brillants *zoophytes,* ces vilaines masses molles et gluantes dont on évite instinctivement le contact, quoiqu'il ne soit pas malfaisant. Voilà la transformation qu'ont opérée en elle les douces caresses du flot.

Combien d'êtres au monde, semblables à ces actinies, ne sont vraiment quelque chose que sous l'action d'une influence étrangère! Natures douces et inoffensives, mais sans grande valeur morale, elles se transforment aussi, elles; elles fleurissent au contact d'une affection noble et pure, qui est pour elles ce que sont à certaines fleurs les rayons du soleil, à celles-ci les caresses vivifiantes de l'Océan. On les trouve belles alors, on leur sourit, comme sourit peut-être à ces anémones épanouies la mer, qui seule fait leur beauté; mais si, poussées par quelque cause fatale, elles ferment leur cœur à la douce influence qui les avait fait épanouir, elles deviennent méconnaissables, et ceux qui les avaient vues alors qu'elles étaient dans leur éclat disent comme nous-mêmes, en face des deux états si différents de ces anémones : « Est-ce la même fleur? »

La mer a monté rapidement pendant que nous examinions les merveilles laissées par elle dans sa fuite matinale; les rochers les uns après les autres enfoncent leurs têtes bizarres dans le flot bruyant, qui les couvre de sa blanche écume; les êtres divers accrochés à leurs flancs sourient et se laissent bercer par ce flot bienfaisant, qui pour beaucoup est la vie, et pour quelques-uns aussi la mort. Car la mer multiplie les ravages, elle accumule les débris.

Voyez plutôt sur le sable ces coquillages de toutes sortes qu'elle lance contre les rochers, et qui, réduits en poussière, s'en vont au loin, portés sur l'aile capricieuse de tous les vents du ciel. Tout cela a vécu; tout cela, pendant un temps plus ou moins long, a suivi les ondulations des flots; puis l'être vivant est mort, sa maison lui a survécu; mais, navire sans pilote, elle est venue se briser contre les grands rochers de la côte, et augmenter le nombre infini des grains de sable que Dieu a comptés.

Partons... et que l'Océan reprenne ses droits, qu'il apporte aux uns la vie, aux autres la mort, et que sur le sable, où s'amoncellent les débris qu'il a faits, il efface à tout jamais l'empreinte de nos pas!

CHAPITRE XVII

Deux mois se sont écoulés depuis notre dernière promenade dans ces campagnes, que nous avions abandonnées pour aller courir sur les grèves lointaines de l'Océan. Que de changements se sont opérés pendant notre absence! Que de vides partout, et que de mélancolie répandue dans l'air, où se montrent à peine quelques insectes attardés! Le ciel est bleu pourtant, mais il n'a plus d'hirondelles; la campagne est verte encore, mais cette verdure même, qu'elle doit aux premières pluies de l'automne, attriste plus qu'elle ne réjouit : c'est le dernier effort d'une existence qui va finir, c'est le dernier sourire de lèvres qui vont se fermer, c'est la dernière lueur d'une flamme qui va s'éteindre.

Plantes, insectes, oiseaux, tout cela va disparaître bientôt; allons leur dire adieu.

Dans l'espace d'une année, la nature parcourt tous les âges de la vie, depuis la plus tendre enfance, qui sourit aux premiers soleils de mars, jusqu'à la triste et pâle vieillesse, qui pleure avec les dernières feuilles mortes et les pluies torrentielles de novembre. Vous, mes chères petites, vous êtes encore aujourd'hui presque aussi jeunes que lorsque nous venions épier les premières pousses aux buissons d'aubépine; qu'est-ce que six mois dans une existence? La nature, au contraire, est arrivée au déclin de sa vie. Toutefois cette vie recommence indéfiniment pour elle, et lorsque viendra le printemps prochain, vous, vous aurez un an de plus, elle, elle aura un an de moins.

Les chênes, encore verdoyants, laissent tomber autour d'eux leurs fruits mûris, ces glands si brillants le mois dernier, qui sont aujourd'hui bruns comme la terre sur laquelle ils tombent. Auprès d'eux les pommiers secouent de temps à autre leurs branches noueuses, d'où se détachent les pommes jaunes ou rouges, qui glissent le long du ravin, ou s'enfoncent dans les sillons humides. Aux fleurs éphémères de l'églantine ont succédé les baies rouges comme le corail, qui achèvent de mûrir au haut des branches dépouillées. La clématite, dont les branches vigoureuses montaient, toutes blanches de fleurs, jusqu'au sommet des arbres les plus élevés, se couvre maintenant d'aigrettes soyeuses, dont la couleur argentée rappelle la blanche chevelure de certains vieillards; le houblon étale à côté, parmi ses feuilles élégantes, ses cônes légèrement dorés, qu'il est temps de cueillir; sur une branche de bruyère en fleur un petit coléoptère noir, bordé de rouge, semble méditer sur les vicissitudes de la vie, qui va sans doute finir pour lui; une longue chenille brune, avec des bouquets de poils sombres et des taches jaunes d'or, dévore à belles dents une feuille de cette branche de ronce, qui bientôt va s'empourprer des riches teintes de l'automne; quelques rares insectes passent dans l'air, travaillant toujours, mais ne bourdonnant plus; car ce bourdonnement c'est leur chant à eux, et l'on ne chante que quand on est jeune. Or ils vont bientôt mourir. Une guêpe affairée s'enfonce dans la terre par un trou qui est l'ouverture de son nid; d'autres la suivent, d'autres la croisent; c'est une agitation générale, incessante; on ne dirait pas que la mort est proche pour elles aussi. Les guêpes, vous savez, ce sont les méchants; et, je vous le demande, ces gens-là prennent-ils jamais du repos? Il n'y a plus de fleurs dans la campagne, mais il y a encore des fruits; et la guêpe, qui les recherche de préférence, survivra aux insectes qui ne se nourrissent que du pollen des corolles épanouies. Toutefois l'hiver sera la mort pour elle comme pour tant d'autres, et lorsque les gelées auront passé sur la terre, le nid sera désert.

Si la campagne ne nous offre d'autres fleurs que quelques capitules de scabieuses, ou les calices violets des colchiques d'automne, elle prodigue en cette saison les nombreuses espèces d'une famille de végétaux que nous rencontrerons sous chacun de nos pas, comme une dernière preuve de la vitalité que possède encore la nature.

Amis de la chaleur et de l'humidité, les *champignons* ouvrent aux derniers soleils de septembre leurs ombelles de toutes les couleurs. C'est encore, comme le lichen, comme les algues, une famille singulière, sur le compte de laquelle on

Champignons.

a écrit une foule de théories contradictoires. Il en est résulté tout d'abord une telle multiplicité de termes, que certaines parties de ces végétaux ne portent pas moins de cinquante à soixante noms divers dans les différents auteurs. Vous jugez comme il serait facile de s'y reconnaître, si nous voulions nous lancer dans la voie scientifique. Dieu nous en garde !

Les champignons sont bien plus nombreux sur la terre qu'on ne se l'imagine ; outre ceux qui, pendant l'été et l'automne surtout, pullulent dans les lieux sombres et humides, les bois, les pâturages, il y en a encore une foule d'autres espèces variées à l'infini, qui couvrent de houppes blanches, jaunes ou rousses, les vieux bois, les feuilles mortes, les substances alimentaires, le pain, les confitures, la pâtisserie. Ce sont eux que l'humidité fait éclore dans les caves, et jusque dans les appartements trop soigneusement fermés ; ce sont eux qui s'introduisent dans les magnaneries et développent cette maladie connue sous le nom de muscardine, qui fait périr chaque année un si grand nombre de vers à soie ; ce sont eux, enfin, qui, sous forme de plaques le plus souvent noires, causent aux céréales ces épidémies appelées rouille, charbon ou carie, qui sont l'un des plus grands fléaux des récoltes.

Aucune plante ne possède une plus grande rapidité de végétation que ces *cryptogames;* il y en a quelques-uns qui en moins d'une heure acquièrent leur entier développement; d'autres vont un peu moins vite en besogne, mais tous en général se corrompent rapidement. Plus justement que les roses, ces pauvres plantes pourraient gémir sur la brièveté de la vie.

Les champignons constituent un aliment très recherché, quoiqu'ils aient dans leur dossier plusieurs empoisonnements célèbres, sans compter les victimes plus modestes que chaque année ajoute à la liste de l'année précédente. On en mange avec sécurité plusieurs espèces bien connues : l'*agaric comestible,* ou champignon de couche; l'*agaric oronge,* dont le chapeau est d'un rouge écarlate, et qui ne se distingue de la fausse oronge, poison violent, que par le *volva* complet qui l'entoure; l'*agaric élevé,* l'un des plus grands de ce genre; l'*agaric mousseron,* l'un des plus estimés; la *chanterelle,* à chapeau chamois, à saveur rappelant la violette, qui croît dans les bois, comme la *clavaire,* champignon jaune-paille, en forme de massue; différentes espèces de *bolets,* dont une entre autres, vulgairement appelée *cep,* est très abondante dans le Midi; plusieurs espèces d'*hydne,* entre autres l'hydne rameux, qui ressemble à un chou-fleur.

Il est à remarquer que certains champignons, réputés poisons dans un pays, sont comestibles dans d'autres; cela doit dépendre de la différence des terrains dans lesquels ils croissent, car la nature du champignon a un rapport direct avec les substances qui l'avoisinent. Plus qu'aucune autre plante, il subit l'influence du milieu dans lequel il vit; ce qui a donné lieu de croire autrefois qu'il était le produit d'un corps étranger. Les peuples du Centre et du Midi sont encore très convaincus de cette vieille théorie, dont la science moderne a pourtant fait justice. Les études microscopiques de nos jours ont démontré que le champignon, comme tous les autres cryptogames, porte en lui-même les germes de la reproduction. C'est à tous, sans distinction, que le Créateur a dit autrefois

cette parole, qui est tout le résumé de la vie organique :
« Croissez et multipliez. »

Les spores, mystérieusement renfermées dans les sporanges,
ou dispersées comme au hasard dans différentes parties du
réceptacle, abandonnent la plante au jour de la maturité, et
s'en vont à travers les airs, qu'elles remplissent de leurs invisibles légions, s'implanter ailleurs.

Si l'homme choisit pour son alimentation certaines espèces,
en évitant soigneusement les autres, il y a après lui, quelquefois avant, une foule de petits individus qui les lui disputent,
ou se contentent de celles qu'il dédaigne. Les champignons les
plus vénéneux ont des visiteurs qui se logent dans leurs masses
charnues ou coriaces, et les dévorent sans plus de façon. C'est
bien le cas de ne pas discuter sur les goûts de chacun. Parmi
les *coléoptères*, un certain nombre de *sylphiens* s'attaquent de
préférence aux variétés d'*agarics ;* beaucoup de *staphyliniens,*
aux différentes espèces de *bolets ;* parmi les *lépidoptères*, plusieurs espèces de *pyrales ;* parmi les *diptères*, des *tipules* et
des *mouches*, à l'état de larve ou à l'état parfait ; enfin, plusieurs espèces d'*arachnides* sont les commensaux des champignons, qu'ils détruisent, ou dont ils avancent la décomposition, sans se soucier le moins du monde si leur piqûre peut
les rendre mortels pour l'homme qui les mangera.

Si l'immense quantité de champignons que l'on rencontre
partout à cette époque prouve, comme nous l'avons dit, que la
nature n'a pas encore perdu toute sa vigueur, on pourrait
croire au moins que la poésie manque absolument à cette
saison, qui n'a plus les fleurs et pas encore les feuilles mortes.
Arrêtons-nous un instant, et respirons ces suaves parfums qui
s'exhalent de toutes parts. En été, la fleur est généralement
dans le végétal, la seule partie odorante ; en automne, toute la
plante répand une odeur douce, calme, mélancolique comme
un dernier sourire. Avez-vous remarqué le parfum des feuilles
de violette dans cette saison, et celui des genêts, et celui de la
mousse, et celui de la terre elle-même? On dirait que la nature,
sentant approcher l'heure de la mort pour tant d'êtres divers,
essaye de leur adoucir ce fatal moment en parfumant la couche sur laquelle ils vont bientôt s'endormir du dernier sommeil.

CHAPITRE XVIII

Après six longues semaines de pluie et de tempête, voici quelques beaux jours. Le soleil, si longtemps caché par de sombres nuages que le vent balayait avec fureur d'un bout du ciel à l'autre, reparaît enfin, et rend comme un éclair de joie à la nature attristée. Profitons de ce dernier sourire, qui va durer si peu, hélas! car ce sont des jours de grâce; l'hiver est proche, et jusque dans les dernières caresses du soleil on sent passer le frisson de la mort.

Comme tout est changé, et comme il faut peu de temps à la nature pour parcourir tous les âges de son existence! Ne vous semble-t-il pas que c'était hier seulement que nous allions ensemble saluer son réveil dans ces champs où paraissaient les premières pousses de verdure, où s'épanouissaient craintivement les premières fleurettes du printemps, où chantaient dans tous les arbres, dans tous les buissons, les oiseaux joyeux revenus de leurs lointaines migrations, où volaient, affairés et bourdonnants, les insectes réveillés de leur long sommeil de l'hiver?

Et tout cela est passé! Les feuilles, jaunies ou empourprées par les froides nuits d'octobre, tombent sur la mousse qui verdit dans le fond des bois; les fleurs sont fanées depuis longtemps dans les champs comme dans les prairies; les oiseaux ont repris le chemin de l'exil, ou plutôt, de cette autre patrie où les attend un autre printemps, et les insectes, cachés dans la terre d'où la plupart ne se relèveront plus, ont abandonné les airs, où passent de temps en temps quelques fils de la Vierge emportés on ne sait où.

Que d'êtres disparus! que de choses anéanties! que de vies terminées à jamais! Et de toutes ces créatures que Dieu avait semées sur la terre, il sait le nombre incalculable; du haut de son éternité il a vu tout cela naître, grandir, lutter contre les difficultés de l'existence, puis mourir; et comme au jour où il contemplait pour la première fois cette splendide création sortie de ses mains toutes-puissantes, il a dit : « Tout est bien. »

Oui, mon Dieu, tout est bien, puisque ainsi vous l'avez voulu. Toutefois laissez-nous regretter toutes ces choses que nous avons admirées et qui déjà ne sont plus. Elles reparaîtront au printemps prochain, au jour et à l'heure que vous savez bien; vous les verrez, dociles à votre voix, embellir cette terre à laquelle vous avez ordonné de les produire; mais qui de nous sait s'il reverra la saison prochaine, ou si, fragile et mortel comme ces pauvres feuilles qui s'en vont par tous les chemins, il ne sera pas tombé dans cet abîme de l'éternité dont vous seul connaissez les secrets! O mon Dieu, laissez-nous donner un regret, une larme à tous ces trépas, et ne vous offensez pas de nous voir gémir sur la mort, nous qui ne pouvons rien créer.

Vous, mes chères petites, qui n'avez encore parcouru que le printemps de votre existence, vous ne pouvez guère apprécier l'harmonie profonde et vraiment touchante qui existe entre les saisons de la nature et celles de l'âme humaine. Jusqu'à ce jour tout a été pour vous joie et heureuse insouciance; et si quelque chagrin a passé sur vos jeunes fronts, le soleil a bien vite reparu dans votre ciel printanier. Dans quelques années viendra l'été, la saison de la vie par excellence, de la vie active, agitée, bouleversée quelquefois par de violents orages, mais utile, méritoire pour soi-même, productive pour les autres, de la vie sérieuse, en un mot; puis l'automne arrivera, l'automne, qui récolte les fruits semés au printemps, mûris en été; l'automne, pâle et mélancolique saison, qui a déjà le soleil derrière elle, qui se recueille pour se souvenir, et qui frissonne en voyant s'ouvrir devant ses pas la pente rapide, bordée de cyprès, qui aboutit au gouffre infini de l'éternité. Et lorsque vous en serez là, si Dieu vous donne d'y arriver, vous vous retournerez pour voir le chemin parcouru, et, remontant par la pensée jusqu'aux jours de votre enfance, vous direz de votre vie ce que nous disons aujourd'hui de l'année : « Comme tout est changé! et comme il faut peu de temps à l'âme humaine pour parcourir tous les âges de son existence!

Les années sont des siècles quand on les regarde en avant, et des minutes quand on les regarde en arrière.

L'automne est une triste saison, puisqu'il voit mourir tant de choses, et que lui-même est comme le dernier soupir de cette année qui va expirer. Mais ce dernier soupir n'est pas sans charme et sans beauté. La nature a fait son temps; pas une heure n'a manqué au compte rigoureux que Dieu lui avait promis, et elle-même n'a pas négligé un seul des devoirs qu'il lui avait imposés; et elle a loyalement accompli sa tâche, et aujourd'hui que sa mission est terminée, elle s'endort sans remords et sans regrets. Aussi son trépas, calme et majestueux, n'a rien de l'horreur profonde des morts violentes et désespérées.

C'est l'agonie de ces pauvres poitrinaires à qui les approches de la mort communiquent une suprême et fatale beauté, et qui, l'œil brillant, la joue vermeille et le sourire sur les lèvres, rendent l'âme en faisant de riants projets d'avenir.

C'est encore, si vous le voulez, la dernière heure du vieillard qui a vaillamment soutenu les longs combats de la vie, et qui voit arriver sans effroi l'heure de rendre compte à Dieu d'une existence bien employée.

Nous avons remarqué plus d'une fois déjà qu'il n'y a pas une époque de l'année, pas un jour, pas une heure qui n'ait sa nuance de poésie propre et tout particulièrement touchante.

Nous avons souri aux grâces ingénues du printemps; nous avons admiré les charmes infinis de l'été, de ses fleurs de toutes sortes, de ses oiseaux chantant dans toutes les branches, de ses insectes bourdonnant autour de toutes les corolles épanouies; nous avons parcouru les prairies, les bois, les champs; nous avons salué l'Océan, nous avons essayé de compter les innombrables merveilles qu'il renferme dans ses vagues tumultueuses; nous avons vu le soleil, fatigué de sa course bienfaisante à travers l'espace, descendre lentement derrière la colline, et disparaître dans un nuage de pourpre et d'or; nous avons vu la lune, pâle et doux reflet du soleil, monter à son tour dans le firmament étoilé à l'heure où l'humble ver luisant, reflet d'un reflet, allumait sous les gazons épais son flambeau phosphorescent. Que de belles choses nous avons contemplées ensemble, mes chers enfants! et, dites, n'éprouvez-vous pas quelque regret de songer que tout cela est fini? Pour moi, j'en suis tout attristée. Chères petites fleurs aimées entre toutes les fleurs, j'aimais à étudier avec vous cette belle histoire de la nature, qui raconte d'une voix si suave et si éloquente les grandeurs et la bonté de Dieu. J'aimais à vous montrer les délicatesses infinies de la Providence, qui n'a rien oublié dans la sage répartition de ses bienfaits; qui a revêtu les lis des champs d'un vêtement plus somptueux que celui de Salomon dans toute sa gloire; qui a donné aux oiseaux du ciel la pâture pour eux et leurs petits, et qui, chaque jour, fait lever son soleil pour les justes qui le bénissent, et même pour les méchants qui ne songent seulement pas à lui dire merci.

Allons donc une fois encore, mes chères enfants, visiter cette pauvre nature expirante; allons lui rendre les derniers hommages, et recueillir de sa bouche quelques-uns de ces grands enseignements dont la mort a le secret.

La poésie d'aujourd'hui, ce sont les tons si divers des feuilles mortes et mourantes. Voyez ce bois qui couvre la colline de l'autre côté de la rivière, et remarquez quelle richesse, quelle abondance de nuances. Les châtaigniers aux longues feuilles dorées à demi roulées sur elles-mêmes, les acacias aux folioles plus dorées encore, qui voltigent comme des plumes égarées dans les airs, coudoient les chênes majestueux dont les feuilles, pour qui l'heure du départ n'a pas encore sonné, se revêtent d'une couleur bronzée, qui n'est plus celle de la vie, pas encore celle de la mort. On dirait que, touchées du triste sort de tout ce qui les entoure, et condamnées à voir mourir leurs sœurs, elles prennent comme une sorte de demi-deuil en face de toutes ces agonies auxquelles elles doivent survivre.

Le lierre, fidèle à ses anciennes traditions, enroule autour de

tous les arbres ses guirlandes verdoyantes, qui doivent braver
les rigueurs de l'hiver; le bouleau au tronc blanc et flexible
secoue dans l'air refroidi son feuillage semblable à une longue
chevelure; le fusain étale tout le long de ses branches raides et
minces, qui seront bientôt ce précieux charbon si aimé des
artistes de nos jours, les enveloppes singulières de ses graines
bien connues des enfants; à côté mûrissent les longues baies
écarlates de l'églantier, les fruits plus sombres de l'aubépine, et
les graines brillantes du houx au feuillage épineux et persistant;
la ronce, parmi les buissons et jusque dans les hautes branches
qu'elle a escaladées, agite en cadence ses feuilles digitées, dont
quelques-unes sont empourprées comme celles de la vigne
vierge; le prunellier, dépouillé de toute verdure, conserve précieusement ses fruits bleuâtres, qui attendent les premières
gelées pour perdre leur âcreté, et comparent orgueilleusement
leur sombre couleur avec celle des baies du troène, qui mûrissent au fond de toutes les haies, où les oiseaux sauront bien
les trouver quand il sera temps. Enfin, dans toutes les branches,
dans celles qui ont déjà perdu toute parure, comme dans celles
qui gardent encore à leur sommet quelques feuilles jaunies
et frissonnantes, la clématite, mêlée aux longs chapelets de
corail de la douce-amère, étale les touffes grisâtres de ses
aigrettes, argentées, où s'arrêtent les fils de la Vierge. On
dirait ces blancs flocons de laine oubliés aux épines des buissons par les agneaux effrayés. Et ces graines de toutes couleurs qui résistent à toutes les intempéries des saisons, et se
soutiennent à l'arbre qui les a portées, malgré les efforts du
vent qui les agite en tous sens, ces graines qui survivent à
la mort de tout le reste, au repos même de la plante endormie, et lui font comme une sorte de seconde floraison, moins
poétique peut-être, mais plus sérieuse et plus durable, font
penser à ces illusions de l'amitié si tenaces dans certaines
âmes, et qui survivent à la perte de toutes les autres.

Quelques pâles fleurettes s'entr'ouvrent craintivement sous
les buissons; voici un coquelicot égaré dans un sillon, quelques
silènes isolés à demi courbés par le vent; voici une pâquerette,
cette blanche fille du printemps, dont les rayons d'argent semblent chercher avec inquiétude les rayons d'or du soleil; voici

une labiée, cette ortie blanche que nous avons rencontrée plus d'une fois jadis, et qui maintenant agite ses lèvres pâlies, comme pour murmurer son humble partie dans l'immense *Requiem* de la nature, que s'en vont chantant par tous les chemins les feuilles mortes emportées par le vent.

Où allez-vous, pauvres feuilles? Pourquoi cette course folle à travers les airs, où vous vous élevez parfois comme de bruns oiseaux entraînés par les courants? Pourquoi ces longues processions tout le long des sentiers, où vos bruyants tourbillons s'envolent toujours grossissant de chaque feuille morte qui tombe?

Où vous allez, pauvres feuilles! Hélas! où va tout ce qui a eu vie sur la terre; où s'en vont devant nous ces douces choses que les uns appellent des croyances, les autres des illusions; où s'en vont tant d'êtres que nous avons aimés, et que bientôt nous irons rejoindre nous-mêmes, pauvres feuilles du grand arbre de l'humanité, à la mort!...

Votre mission est terminée; vous avez entretenu la vie de cette plante qui vous avait donné le jour; vous avez prêté aux oiseaux du ciel votre ombrage discret pour abriter le nid où devaient grandir leurs petits, espoir de la saison prochaine; les insectes eux-mêmes ont trouvé asile auprès de vous, et il n'est pas jusqu'à l'homme qui n'ait profité de vos soins; vous avez purifié l'air qu'il respire, vous avez embelli la nature sur laquelle il aime à reposer ses yeux, et vous l'avez garanti des ardeurs d'un soleil brûlant; et maintenant que les oiseaux nous quittent pour la plupart, que les insectes ont péri, et que l'homme, au lieu de craindre le soleil, cherche avec empressement ses rayons attiédis, vous partez, vous allez devant vous, où Dieu seul peut savoir, et lorsque vous rendrez votre modeste dépouille à la terre, ce sera encore un bienfait pour elle. Allez donc, pauvres feuilles; allez au gré du vent qui vous emporte, car ce vent c'est le souffle de Dieu, qui a marqué là-bas, tout là-bas, la place où vous devez dormir. Allez, nos regrets vous suivent : par reconnaissance, car vous avez été bienfaisantes pour nous; par sympathie aussi, car notre sort et le vôtre se ressemblent; et si c'est votre tour aujourd'hui, peut-être demain ce sera le nôtre.

Une légion de corbeaux au vol lourd, au sombre vêtement, vient de s'abattre sur ce champ, que la main du laboureur a ensemencé. Lorsqu'ils auront, au coucher du soleil, tenu leurs bruyants conciliabules sur la lisière de la forêt, ils s'en iront, toujours croassant, nicher sur les branches qui plieront sous le fardeau, au sommet de quelque vieux clocher, ou dans les murailles ébréchées de quelque vieux donjon solitaire, dont leur noir vêtement semble porter un deuil éternel.

Voici dans ce grand pin, dont la cime majestueuse et toujours verte dépasse tous les arbres voisins, un petit oiseau tout brun, tout modeste, qui saute de branche en branche et ne semble nullement s'inquiéter de notre voisinage. On le nomme vulgairement bérichon, et, à tort, roitelet; c'est le *troglodyte*[1], l'ami des chaumières, au toit desquelles il pose son nid quand reviennent les beaux jours. Fidèle à nos pays, il ne les quitte pas, comme tant d'autres, pour aller chercher au midi un ciel plus bleu, un climat plus tempéré; l'amour du sol natal lui fait supporter les rigueurs de la saison, et lorsque la neige ensevelit sous son épais linceul les petits insectes dont il se nourrit, il s'approche des habitations, où on lui donne volontiers l'hospitalité, en retour de ses joyeuses chansonnettes des beaux jours. C'est le plus petit de tous nos oiseaux, je crois; c'est l'un des plus confiants, et peut-être l'un des plus respectés. C'est que, comme le rouge-gorge, il est l'oiseau de bon présage, l'oiseau du bon Dieu; et les préjugés, si fatals à plusieurs, une fois par hasard sauvent un pauvre petit être innocent, tandis qu'ils en condamnent follement tant d'autres.

Quittons maintenant, mes chères petites, ce bois où le ramier fait entendre sa note plaintive, qui s'harmonise si bien avec le bruit rêveur des feuilles mortes; suivons les bords sinueux de ce ruisseau, tout au fond duquel s'accomplissent les mystérieuses transformations qui peupleront d'êtres aériens les vastes prairies où refleuriront les graminées flétries aujourd'hui; traversons ce champ où le grain de blé, jeté dans la terre, subit cette métamorphose non moins merveilleuse que celle des insectes, en vertu de laquelle il rendra cent

---

[1] Du grec *trôglé*, caverne, et *dynein*, pénétrer dans.

pour un quand le temps sera venu. Jetons un regard d'adieu à toutes ces choses que nous avons admirées surtout; et comme ces fleurs qui gardent leur parfum longtemps après qu'elles ont perdu leur fraîcheur, conservons précieusement le souvenir de toutes nos admirations.

Oui, mes enfants, souvenez-vous; souvenez-vous de ce que j'ai voulu vous enseigner par-dessus tout, de la présence de Dieu, et, pour ainsi dire, de son incarnation en toute chose. Que la nature pour vous soit comme un vaste miroir dans lequel votre cœur sache reconnaître l'image, le reflet de Dieu; que tout vous parle de lui, que tout vous attire à lui; que toutes les choses créées soient pour vous comme autant d'échelons qui, emportant vos âmes au-dessus de cette triste terre, qu'il fait si bon ne toucher que du bout du pied, les élèvent de plus en plus vers ces régions meilleures où l'air est plus pur, et le ciel comme entr'ouvert!

Puissé-je vous en avoir au moins montré le chemin! Puissé-je vous avoir appris à voir toujours et partout le Créateur à travers la créature! Puissé-je, comme le laboureur qui confie le grain de blé au sillon préparé, avoir jeté dans vos jeunes cœurs la semence d'une bonne pensée, et puisse Dieu, en l'y faisant mûrir et porter ses fruits, bénir l'humble main qui l'y a déposée!

FIN

TABLE

13819. — Tours, impr. Mame.

www.ingramcontent.com/pod-product-compliance
Ingram Content Group UK Ltd.
Pitfield, Milton Keynes, MK11 3LW, UK
UKHW022214120726
13694UKWH00002B/551